环保公益性行业科研专项经费项目系列丛书

大气重污染过程预测技术研究

程水源　陈东升　著

中国环境出版社·北京

图书在版编目（CIP）数据

大气重污染过程预测技术研究/程水源，陈东升著. —北京：中国环境出版社，2014.5
ISBN 978-7-5111-1759-5

Ⅰ．①大⋯　Ⅱ．①程⋯　②陈⋯　Ⅲ．①空气污染控制—研究　Ⅳ．①X51

中国版本图书馆 CIP 数据核字（2014）第 038074 号

出 版 人　王新程
责任编辑　张维平　宋慧敏
封面设计　宋　瑞

出版发行　中国环境出版社
　　　　　（100062　北京市东城区广渠门内大街 16 号）
　　　　　网　　　址：http://www.cesp.com.cn
　　　　　电子邮箱：bjgl@cesp.com.cn
　　　　　联系电话：010-67112765（编辑管理部）
　　　　　　　　　　010-67112738（管理图书出版中心）
　　　　　发行热线：010-67125803，010-67113405（传真）
印　　刷　北京市联华印刷厂
经　　销　各地新华书店
版　　次　2014 年 6 月第 1 版
印　　次　2014 年 6 月第 1 次印刷
开　　本　787×1092　1/16
印　　张　10.25
字　　数　220 千字
定　　价　40.00 元

环保公益性行业科研专项经费项目系列丛书

编 委 会

序　言

　　我国作为一个发展中的人口大国，资源环境问题是长期制约经济社会可持续发展的重大问题。党中央、国务院高度重视环境保护工作，提出了建设生态文明、建设资源节约型与环境友好型社会、推进环境保护历史性转变、让江河湖泊休养生息、节能减排是转方式调结构的重要抓手、环境保护是重大民生问题、探索中国环保新道路等一系列新理念新举措。在科学发展观的指导下，"十一五"环境保护工作成效显著，在经济增长超过预期的情况下，主要污染物减排任务超额完成，环境质量持续改善。

　　随着当前经济的高速增长，资源环境约束进一步强化，环境保护正处于负重爬坡的艰难阶段。治污减排的压力有增无减，环境质量改善的压力不断加大，防范环境风险的压力持续增加，确保核与辐射安全的压力继续加大，应对全球环境问题的压力急剧加大。要破解发展经济与保护环境的难点，解决影响可持续发展和群众健康的突出环境问题，确保环保工作不断上台阶出亮点，必须充分依靠科技创新和科技进步，构建强大坚实的科技支撑体系。

　　2006 年，我国发布了《国家中长期科学和技术发展规划纲要（2006—2020年）》（以下简称《规划纲要》），提出了建设创新型国家战略，科技事业进入了发展的快车道，环保科技也迎来了蓬勃发展的春天。为适应环境保护历史性转变和创新型国家建设的要求，原国家环境保护总局于 2006 年召开了第一次全国环保科技大会，出台了《关于增强环境科技创新能力的若干意见》，确立了科技兴环保战略，建设了环境科技创新体系、环境标准体系、环境技术管理体系三大工程。五年来，在广大环境科技工作者的努力下，水体污染控制与治理科技重大专项启动实施，科技投入持续增加，科技创新能力显著增强；发布了 502 项新标准，现行国家标准达 1 263 项，环境标准体系建设实现了跨越式发展；完成了 100 余项环保技术文件的制修订工作，初步建成以重点行业污染防治技术政策、技术指南和工程技术规范为主要内容的国家环境技术管理体系。环境科技为全面完成"十一五"环保规划的各项任务起到了重要的引领和支撑作用。

为优化中央财政科技投入结构，支持市场机制不能有效配置资源的社会公益研究活动，"十一五"期间国家设立了公益性行业科研专项经费。根据财政部、科技部的总体部署，环保公益性行业科研专项紧密围绕《规划纲要》和《国家环境保护"十一五"科技发展规划》确定的重点领域和优先主题，立足环境管理中的科技需求，积极开展应急性、培育性、基础性科学研究。"十一五"期间，环境保护部组织实施了公益性行业科研专项项目 234 项，涉及大气、水、生态、土壤、固废、核与辐射等领域，共有包括中央级科研院所、高等院校、地方环保科研单位和企业等几百家单位参与，逐步形成了优势互补、团结协作、良性竞争、共同发展的环保科技"统一战线"。目前，专项取得了重要研究成果，提出了一系列控制污染和改善环境质量技术方案，形成一批环境监测预警和监督管理技术体系，研发出一批与生态环境保护、国际履约、核与辐射安全相关的关键技术，提出了一系列环境标准、指南和技术规范建议，为解决我国环境保护和环境管理中急需的成套技术和政策制定提供了重要的科技支撑。

为广泛共享"十一五"期间环保公益性行业科研专项项目研究成果，及时总结项目组织管理经验，环境保护部科技标准司组织出版"十一五"环保公益性行业科研专项经费项目系列丛书。该丛书汇集了一批专项研究的代表性成果，具有较强的学术性和实用性，可以说是环境领域不可多得的资料文献。丛书的组织出版，在科技管理上也是一次很好的尝试，我们希望通过这一尝试，能够进一步活跃环保科技的学术氛围，促进科技成果的转化与应用，为探索中国环保新道路提供有力的科技支撑。

中华人民共和国环境保护部副部长

吴晓青

2011 年 10 月

前　言

随着经济飞速增长，城市化进程不断加快，机动车保有量大幅增加，我国大气污染的趋势没有从根本上得到遏制，已由单一的煤烟型污染转化为煤烟型与光化学污染并存的复合型污染。持续高浓度的大气污染频发，2002—2011 年北京与周边地区就发生近百次大气颗粒物高浓度污染过程，颗粒物浓度水平经常超过国家标准数倍甚至十几倍。近几年京津冀、珠三角、长三角地区每年出现灰霾现象的天数超过 100 天，在不利的气象条件下，区域性的灰霾持续时间长达 5～10 天，浓度超标严重。我国大气环境高浓度污染发生频率之高，影响范围之大，污染程度之重，已成为制约我国社会经济发展的瓶颈之一，严重威胁到人民群众的身体健康和生态安全。

为逐步改善大气颗粒物的高浓度污染问题，新修订的《环境空气质量标准》于 2012 年 2 月 29 日正式发布，明确增加了细颗粒物（PM$_{2.5}$）和臭氧 8 小时浓度限值监测指标。在环境保护部《关于实施〈环境空气质量标准〉的通知》（环发[2012]11 号）中要求近期环保部门要建立健全极端不利气象条件下大气污染监测报告和预警体系，为公众提供健康指引，引导当地居民合理安排出行和生活。大气颗粒物的监测与预测预警已成为我国开展相关研究与环境管理工作的重点之一。但目前国内外关于大气颗粒物高浓度污染预报方法的相关研究较少，且由于气象及下垫面条件、地域污染特征、污染程度差异等因素，国外相关研究成果形成的污染预报方法无法在我国达到良好的预报效果。而我国在大气颗粒物污染预测（特别是细颗粒物和持续高浓度污染预测）方面的研究刚刚起步，研究成果相对匮乏，现有部分方法的预报效果难以满足环境管理与保障公众健康的需要。因此急需在这方面加大研究力度。

环境保护部 2009 年度环保公益性行业科研专项针对大气颗粒物高浓度污染预测技术方法设立了"大气重污染过程预测预警与量化分级技术研究"项目，北京工业大学作为"区域大气复合污染防治"北京市重点实验室，承担了该项目的研究工作。本书即是项目组成员历时多年的研究成果，对大气重污染的形成消散规律、预测方法等进行了介绍，并针对性地提出我国大气重污染控制管理的对策建议。

相关研究工作和本书的编写工作中，李悦、尉鹏、田川、王志娟、刘超、陈朝晖、王芳、杨孝文等做了大量工作。在研究开展过程中，编写组得到任阵海院士、徐祥德院士、虞统研究员、苏福庆研究员及多位业内专家的大力支持，特此感谢！同时感谢中国环境出版社的领导和编辑在本书出版过程中付出的辛勤努力。本书出版获得了环保公益性行业科研专项（200909008）、国家自然科学基金重点项目（51038001）、北京市科学技术委员会和北京市教育委员会的共同资助。

在本书编写过程中，虽力求反映研究取得的新成果和新方法，但由于区域性大气重污染问题的复杂性与不确定性以及编者水平所限，时间紧迫，书中难免有不妥和错误之处，欢迎广大读者批评指正。

著者

2014 年 1 月

目　录

第 1 章　区域性大气重污染现状

重污染天气是表征空气质量的空气污染指数（API）数值大于 200 的污染天气的统称。区域性重污染过程是指由于大范围（如整个华北地区）的不利气象条件致使污染物积累造成的重污染过程[①]，是以颗粒物为主的高浓度污染，频发于秋冬季节、形成区域性且持续时间较长的重污染过程，首要污染物浓度水平经常超过国家标准数倍甚至十几倍，对环境和人体健康造成严重的影响。目前区域性大气污染问题受到政府和学术界的高度重视，成为当前公众关注的焦点问题。本章主要对大气重污染问题的基本概念和污染现状进行介绍。

1.1　大气重污染问题概述

1.1.1　大气重污染影响范围

目前，世界上受到大气重污染问题影响的区域分布较广，根据美国国家航空航天局（NASA）的卫星数据绘制而成的全球大气细颗粒物（$PM_{2.5}$）污染浓度分布，由北非撒哈拉沙漠一直延伸到东亚的大片区域内大气颗粒物污染十分严重，而美国 $PM_{2.5}$ 水平相对较低，但其中西部和东部一些中心区域仍存在颗粒物浓度超标情况。结合人口密度进行计算得知，全世界超过 80% 的人口正在呼吸着严重颗粒物污染的空气，污染指数超过世界卫生组织给出的最小安全值（10 $\mu g/m^3$）。因此，大气颗粒物重污染是全球性的严重环境问题之一。

对我国来说，主要的大气污染物已由二氧化硫（SO_2）和总悬浮颗粒物（TSP）的污染转为可吸入颗粒物（PM_{10}）和细颗粒物（$PM_{2.5}$）的污染。我国大气颗粒物浓度分布的高值区位于东北、西北及整个华北地区，长江以南和四川盆地也有一小污染区，污染程度均十分严重，上述区域中尤以华北地区最为突出。其主要原因之一是以生态环境恶化为代价的破坏型经济增长方式和社会发展模式，给我国经济带来繁荣的同时，造成了日益严重的空气污染和生态破坏等环境问题。此外，复杂的地形地貌和气象条件也是造成我国上述地区易形成重污染的原因之一。华北等地的地形复杂，有山区、盆地、平原及滨海等多种地貌类型，气象条件十分复杂，局地大气污染因素较多，存在大气污染物跨区输送现象，因此极易发生区域大气重污染现象。对监测结果的研究表明，在北京及其周边地区的空中存在大气气溶胶高浓度污染区间。[②] 输送汇聚及其摆动造成的北京及其周边地区大气污染物

---

① 北京市环境保护监测中心. 北京市大气污染预报及预警技术研究报告书[R]. 2002.

② 王玮, 等. 中国华北地区冬季大气污染物航空测量（Ⅱ）[J]. 环境科学研究, 2000, 13（1）: 10-13; 王玮, 等. 华南地区气溶胶的污染特征及其与酸雨的关系[J]. 环境科学学报, 1992, 12（1）: 7-15.

汇聚，是形成区域重污染的主要原因。[①] 另外，北京及周边地区经常受高空西风气流控制，近地面气流在太行山迎风坡抬升，在背风坡下沉并将污染物携带到华北平原，在此形成弱气压场和低压槽。华北地区上空存在的弱气压场和低压槽使得大气污染物不易扩散，造成这个地区发生大面积的高浓度污染。同时，华北地区地形复杂，山区、盆地与平原同时存在，山地风与平原季风通道经常相互交汇，易形成污染物的辐合汇聚带，典型的辐合汇聚带会造成区域性的大气环境污染，研究结果表明太行山山前、燕山山前有常驻性输送汇，容易造成较重的高浓度大气环境污染。

1.1.2 大气重污染分类及特征

根据污染成因及特点，我国华北地区的颗粒物重污染可以分为区域性重污染、局地性重污染、沙尘重污染和特殊重污染四类。[②] 华北地区代表城市北京的大气污染反映了该地区的区域性环境问题，可以作为华北地区大气污染特征的典型代表城市。下面以北京为例，对四种重污染过程进行介绍。

区域性重污染过程　是指由于大范围如整个华北地区的不利气象条件致使污染物积累造成北京市重污染的过程。此时整个区域的其他城市污染同样严重。这种重污染类型通常在稳定天气形势下发生。

局地性重污染过程　是指在不利气象条件下，由于北京市局地污染物的积累而造成的重污染过程。此时各项污染物浓度均较高，这种重污染多发生在秋冬季节，时间上有连续性，纯粹的局地性重污染发生概率较低。

沙尘类型重污染过程　主要是指由于上游地区发生沙尘暴，沙尘随西北气流输入本地，造成严重空气污染的过程。此时通常有局地扬尘相伴。这种重污染季节性强，具有连续性，表现形式多样，大多数沙尘重污染伴随有大风天气，但也有在较稳定的天气条件下发生的沙尘重污染。

特殊重污染过程　是由于在不利的气象条件下，北京及周边地区污染源排放异常所造成，如大面积农田秸秆焚烧。这种重污染的发生带有很大的随机性。

综上所述，华北地区的大气颗粒物重污染基本上可以分为稳定气象条件下的重污染和风沙季节沙尘类型的重污染。稳定气象条件下又区分为区域性的重污染过程和局地性的重污染过程，这两种重污染类型是在考虑了污染源不同影响的基础上进行区分的。华北地区污染的区域性特征日益明显，纯粹的局地性重污染发生概率很低。另外，尽管沙尘类型的重污染是颗粒物重污染的一个重要方面，但由于其主要受外来沙尘的影响，对于北京及周边地区的环境综合整治意义不大。因此，区域性重污染是各种类型中具有重要研究意义的重污染类型，本书主要以区域性重污染作为主要对象展开相关研究。

1.1.3 环境与人体健康危害

大气颗粒物重污染对生态环境和人体健康都会造成严重影响。它会大幅度降低大气能见度，并干扰地表温度，同时严重危害人体的呼吸系统、神经系统和心血管健康，造成多

[①] 苏福庆，任阵海，等. 北京及华北平原边界层大气中污染物的汇聚系统[J]. 环境科学研究，2004，17（1）：21-25.
[②] 北京市环境保护监测中心. 北京市大气污染预报及预警技术研究[R]. 2002.

种疾病，导致死亡率的增加。

（1）对能见度的影响

20 世纪 70 年代以来，大气颗粒物对能见度的影响就一直是环保、气象部门所关注的问题之一。大量的研究表明，PM_{10} 和 $PM_{2.5}$ 的性质与能见度的降低密切相关。能见度的降低主要是由于气体分子与颗粒物对光的吸收和散射减弱了光信号，并由于散射作用减小了目标物与天空背景之间的对比度而造成的[①]。

光的散射是能见度降低的最主要因素，颗粒物的散射能造成 60%～95% 的能见度减弱。空气分子对光的散射作用很小，其最大的视距（极限能见度）为 100～300 km（具体数值与光的波长有关）。[②] 在实际的大气中由于颗粒物的存在，能见度一般远远低于这一数值：在极干净的大气中能见度可以达到 30 km 以上；在城市污染大气中能见度在 5 km 左右甚至更低；在浓雾中能见度只有几米。在大气气溶胶中，主要是粒径为 0.1～1.0 μm 的颗粒物通过光的散射而降低物体与背景之间的对比度，从而降低能见度。

PM_{10} 和 $PM_{2.5}$ 对光有吸收效应通常是使能见度降低的第二大因素。而 PM_{10} 和 $PM_{2.5}$ 对光的吸收几乎全部都是由炭黑和含有炭黑的颗粒引起的。每年世界上炭黑的排放量占人为颗粒物排放量的 1.1%～2.5%，占全部颗粒物排放量的 0.2%～1.0%。但是，它们的消光效应却是不可忽视的，因为煤烟的总消光系数是透明颗粒的 2～3 倍，所以大气中少量的煤烟颗粒就可以导致光强降低很多。这些光吸收颗粒物可能会使某些地方的能见度降低一半以上，还可形成烟雾而使城市呈褐色。

能见度的降低会增加交通事故和飞机起落事故的概率，对人们的生活造成不良影响。另外，由于飞机的起飞和着陆对能见度的要求很高，因此能见度的降低也会对机场飞行安全造成严重威胁，增加事故发生率。

（2）对温度的影响

由于颗粒物的存在，其直接阻挡太阳光抵达地球表面，使可见光的光学厚度增大，抵达地面的太阳能通量剧烈下降，从而使地面温度降低，高空的温度增高。特别是直径在 0.1～0.5 μm 的颗粒，通过散射与吸收太阳和地球辐射，在大气能量平衡中起着重要作用。资料表明，当 PM_{10} 浓度达 100 μg/m³ 时，到达地面的紫外线减少 7.5%；当 PM_{10} 为 600 μg/m³ 时，到达地面的紫外线减少 42.7%；当 PM_{10} 为 1 000μg/m³ 时，到达地面的紫外线减少 60%。全球本底不透明度增加 4 倍，将使全球温度降低 3.5℃，若该降温幅度维持若干年，则将造成一个冰河期。

（3）对人体健康的影响

全球 35 个国家和地区的相关研究结果表明，空气中颗粒物的水平与人体健康存在一定的关系。由于 PM_{10} 更易于进入人体，在环境中滞留时间更长，以及吸附的重金属和有毒有害的物质较多，因而对人体的危害也更大。国外进行的大量有关 PM_{10} 的流行病学研究表明，可吸入颗粒物浓度的增加与疾病的发病率、死亡率密切相关，尤其是呼吸系统疾病及心肺疾病。目前已知的可吸入颗粒物对人体的危害主要包括以下几方面。

对呼吸系统的影响　大量研究发现，大气中 PM_{10} 浓度的上升容易引起上呼吸道感染，

① 刑黎明，贾继霞，张艳红. 大气可吸入颗粒物对环境和人体健康的危害[J]. 安阳工学院学报，2009（4）：48-50.
② 刘新民. 大气颗粒物与能见度关系研究[D]. 北京：北京大学，2002.

使鼻炎、慢性咽炎、慢性支气管炎、支气管哮喘、肺气肿、尘肺等呼吸系统疾病恶化。PM_{10} 每增加 100 $\mu g/m^3$，成人男女感冒咳嗽的发生率分别升高 4.81% 和 4.48%。同时，成年男性患支气管炎的比率增加 5.13%。另外，过多的可吸入颗粒物的沉积会损害肺部呼吸氧气的能力，使肺泡中巨噬细胞的吞噬功能和生存能力下降，导致肺部排除污染物的能力降低。空气中 PM_{10} 每增加 10 $\mu g/m^3$，肺功能下降 1%。1994 年，中国国家环保总局与美国国家环境保护局合作开展了一项"大气污染对人体呼吸健康影响研究"的课题，通过对广州、武汉、兰州、重庆 4 个城市几年的跟踪调查，数据表明，大气颗粒物浓度（尤其是小颗粒物）与儿童肺功能异常率存有明显的相关性。有研究结果表明，空气动力学尺度大于 10 μm 的颗粒物，基本上被阻止于人的鼻腔；2～10 μm 的颗粒，可进入人体咽喉，约 90% 可进入并沉积于呼吸道的各个部位，10% 可以到达肺的深处，并沉积于肺中；小于 2 μm 的颗粒，100% 可以吸入肺泡中，其中 0.3～2 μm 的粒子几乎全部沉积于肺部而不能呼出，进而进入人体血液循环。[①] 根据可吸入颗粒物在人体肺泡处的沉积比例数据可以得出，集中在 1 μm 尺度左右的颗粒对人体危害最大，同时也最难以清除。

对心血管疾病的影响　由颗粒物引起的心脏自主神经系统在心率、心率变异、血黏度等方面的改变能增加突发心肌梗死的危险。人暴露在高浓度 $PM_{2.5}$ 中，会增加血液的黏稠度和血液中某些白蛋白，从而引起血栓。Costa 的研究指出，可吸入颗粒物对健康的影响在中年以上和已患心脏疾病的人群中表现得较为明显，认为可吸入颗粒物是引起心脏病的因子之一。[②]

对神经系统的影响　在城市中的可吸入颗粒物，许多是由机动车尾气产生的。含铅汽油燃烧后生成的铅化物微粒（含氧化铅、碳酸铅）扩散到大气中，随呼吸道进入人体而影响身体健康。研究表明，铅对人体神经系统有明显的损害作用，可影响儿童智力的正常发育。母体接触铅污染后，会导致后代神经系统发育异常。小于 1 μm 的含铅颗粒物在肺内沉积后极易进入血液系统，其大部分与红细胞结合，小部分形成铅磷酸盐和甘油磷酸盐后进入肝、肾、肺和脑，几周后进入骨内，导致高级神经系统紊乱和器官调解失能，表现为头疼、头晕、嗜睡和狂躁严重的中毒性脑病。

致癌、致突变、致残作用　石油、煤等化石燃料及木材、烟草等有机物在不完全燃烧过程中会产生多环芳烃（PAHs），排放的 PAHs 可直接进入大气，并吸附在颗粒物，特别是直径小于 2.5 μm 的细颗粒物上。由于 PAHs 具有致癌、致突变、致残作用，因此对人体健康危害极大，其中代表物苯并[a]芘（BaP）是最具致癌性的物质，能诱发皮肤癌、肺癌和胃癌。另外，空气中的 PAHs 可以和 O_3、NO_x、HNO_3 等反应，转化成致癌或诱变作用更强的化合物，从而对人体健康构成威胁。

死亡率　虽然对于健康人而言，PM_{10} 不是直接的致死因素，但是却可以导致患有心血管病、呼吸系统疾病和其他疾病的敏感体质患者的死亡。据报道，仅 PM_{10} 就导致美国每年 6 万人和英国每年 1 万人的死亡。在美国犹他谷进行的 PM_{10} 流行病学研究表明，PM_{10} 日均质量浓度增加 50 $\mu g/m^3$，死亡率平均增加 4%～5%。PM_{10} 超过 100 $\mu g/m^3$ 时，死亡率

---

① Health Effects Institute. Daily mortality and fine and ultrafine particles in Erfurt，Germany.Part I：role of particle number and particle mass[R]. Cambridge MA，2000.

② World Health Organization. Meta-analysis of time-series studies and panel studies of particulate matter（PM）and ozone（O_3）[R]. EUR/04/5042688. 2004.

比 PM$_{10}$ 小于 50 μg/m^3 时平均高出 11%。据 Ostro 等在泰国曼谷的研究，当 PM$_{10}$ 日平均增加 10 μg/m^3 时，总死亡率增加 1%～2%，其中呼吸道疾病死亡率增加 3%～6%，心血管疾病死亡率增加 1%～2%。[①] 由于许多对人体具有潜在危害的物质，如酸、重金属、PAHs 等，主要集中在 PM$_{2.5}$ 上，因此，可认为大气中 PM$_{2.5}$ 浓度的增加会导致发病率和死亡率的增加。

1.2 华北地区重污染现状

区域污染的程度与区域的经济发达程度有很大关系，通常发达地区多为严重污染地区。华北的京津冀地区是我国政治、经济、文化中心，社会经济发展飞速，加之复杂的地形和气象条件，长年存在严重的区域性大气环境污染问题。1998 年 12 月华北地区的中心代表城市北京采取了 12 个阶段的大气污染治理专项行动，针对工业、居民生活及采暖、机动车、扬尘等大气污染源实施了一系列由面到点、由宏观到具体的治理措施，大气一次气态污染物的污染发展趋势得到有效遏制，空气质量达标天数逐年增加，但大气污染问题依然严峻。2002—2010 年华北地区发生近百次大气重污染过程，PM$_{10}$ 浓度超标情况严重。

本书利用 2000—2011 年的数据进行统计，得出重污染日和非重污染日华北地区重点城市各污染物为首要污染物的比例列表，见表 1-1。由该表可知，在我国主要城市空气质量公报的各种污染物中，华北地区非重污染时段的首要污染物主要为可吸入颗粒物、二氧化硫，极少情况下为二氧化氮，而重污染时段的首要污染物则全部为可吸入颗粒物。因此，本书以颗粒物为主要研究对象进行区域大气重污染的研究。

表 1-2 为 2000—2011 年华北地区重点城市（北京市、天津市、石家庄市、太原市和呼和浩特市）的重污染发生天数，其中北京市的重污染以上污染级别（Ⅳ级 1：API 为 201～250；Ⅳ级 2：API 为 251～300；Ⅴ级：API 为 301 以上）的组成比例及所占天数情况如图 1-1 所示。由图表可知，近 10 年的重污染问题仍不容忽视，如北京市的重污染日占全年 2～6 个百分点，平均每年发生约 12 d，最多为 24 d（2006 年）和 23 d（2001 年）。

图 1-2 是利用 2000—2011 年华北地区代表城市北京的污染数据统计得到的，该图显示了重污染发生频次的月度分布。从图中可以看出，华北地区的重污染主要发生在秋冬季和春季（秋冬季主要为区域性重污染，春季主要为沙尘型重污染），夏季（7、8、9 月）几乎没有大气重污染过程发生，即区域性大气颗粒物重污染具有秋冬季高发的特征。

表 1-1 华北地区重点城市首要污染物出现比例　　　　　　单位：%

城　　市	非重污染日首要污染物			重污染日首要污染物		
	PM$_{10}$	SO$_2$	NO$_2$	PM$_{10}$	SO$_2$	NO$_2$
北　　京	93	7	0	100	0	0
天　　津	79	21	0	100	0	0
石 家 庄	91	9	0	100	0	0
唐　　山	75	25	0	100	0	0
太　　原	83	17	0	100	0	0
呼和浩特	84	16	7	100	0	0

① 李延红，袁东，阚海东，等. 大气颗粒物污染与人群死亡率变化流行病学研究[J]. 环境与职业医学，2003，20（1）：47-49.

表 1-2　华北地区重点城市的重污染天数　　　　　　　　单位：d

年份	重污染天数（API 为 201 以上）				
	北京市	天津市	石家庄市	太原市	呼和浩特市
2000	7	—	—	—	—
2001	23	—	—	—	—
2002	19	12	28	19	9
2003	5	2	21	28	2
2004	17	1	4	25	2
2005	9	3	6	7	4
2006	24	3	14	11	7
2007	11	1	4	4	4
2008	8	1	2	2	1
2009	5	2	1	3	2
2010	6	0	2	1	1
2011	5	1	0	1	1

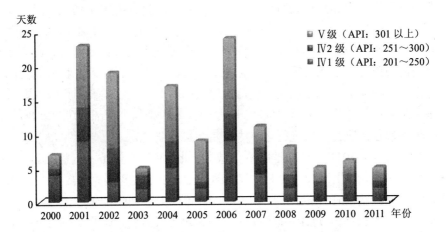

图 1-1　北京市各级别重污染天数年度序列图

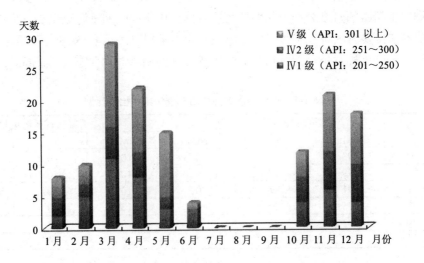

图 1-2　北京市各级别重污染天数月分布图

1.3　研究区域概况

华北地区处于北纬 32°～42°、东经 110°～120°，位于中国北部，西邻黄土高原，东濒黄、渤二海，北与东北地区、内蒙古地区相接。覆盖北京市、天津市、河北省、山西省和内蒙古自治区的一部分。华北地区以丹东、阜新、彰武、围场、张北、右玉、榆林、定边、中宁至乌鞘岭一线为分界。华北地区的西界，自乌鞘岭以南沿祁连山东麓、洮河以西至白龙江，大致以 3 000 m 等高线与黄土高原相接。南界为著名的秦岭淮河线，夏季长达 6～9 个月，具体界线为秦岭北麓，经伏牛山、淮河至苏北灌溉总渠，各种自然现象在这条线的两侧都有显著差异，是我国自然地理上的一条重要分界线。①

以北京为代表的华北地区是我国政治、经济和文化中心，具有举足轻重的战略地位。但该地区水资源严重短缺，京津两个超大城市在狭窄区域内共存，并直接面临内陆海域，制约区域环境承载容量。此外，京津冀地区还是我国重要的工业基地、能源基地，各城市间存在大气污染的相互影响和输送问题，这些因素就使得华北地区的大气污染问题十分突出。随着区域社会经济的快速发展，该地区环境质量持续恶化，现已成为世界上大气污染最严重地区之一，其日益严重的环境问题已成为国家实施可持续发展战略的重要瓶颈。

1.3.1　北京市概况

（1）自然地理

地理位置　北京市位于北纬 39°38′～41°05′、东经 115°24′～117°30′，地处华北大平原北端，三面环山，一面对海，西北高、东南低。地貌为西部山地、北部山地和东南平原三大块。西部为太行山，与市区接近的是太行山余脉，称作西山。北部为燕山山脉，自西向东直抵山海关。北京市东西宽 160 km，东至密云县花园村之东；西至门头沟区东灵山顶。北京市南北长 176 km，北至怀柔县石洞子村北；南至大兴县榆垡镇南，地理坐标为北纬 39°38′。全市土地面积 16 807.8 km²，其中山区面积 10 417.5 km²，占 62%，平原面积 6 390.3 km²，占 38%。②

地形地貌　北京的中部和南部属于华北平原的北部边缘，由海河水系的冲积而成，西部为太行山脉的北部延续，北部的燕山山脉是内蒙古高原的延续。山地海拔 1 000～1 500 m，全市最高峰为西部的东灵山，海拔 2 303 m。平原主要由众多洪冲积扇联合而成，海拔 20～60 m，自西北向东南缓慢倾斜与华北大平原连接，坡降 1%～3%。

自然生态　北京建成了山区、平原、城市绿化隔离地区三道绿色生态屏障。截至 2011年年底，北京市森林覆盖率达 37.6%③，人均公共绿地 15.3 m²，林木绿化率达到 54%，全北京市公园数量达 339 个，全市近 2/3 的居民走出家门不超过 500 m 就能享受到公园绿地。北京将增加大规格苗木 10 万株，种植月季、菊花等花卉 100 万株，建设百余处精品休闲绿地。到"十二五"末，使全市森林面积增加 5 万 hm²，森林覆盖率达到 40%，林木绿化

---

① 华北百度百科[DB/OL].　[2012-02-10] http://baike.baidu.com/view/144248.html.
② 北京百度百科[DB/OL].　[2012-11-12] http://baike.baidu.com/view/2621.html.
③ 中国森林覆盖率[DB/OL].　[2010-12-11] http://lt.cjdby.net/forum.php?mod=viewthread&tid=1026554.

率达到 57%，形成"城市青山环抱、市区森林环绕、郊区绿海田园"的优美景观。[①] 尽管北京市致力于采取措施改善生态环境，但是北京市生态环境有着一定程度的退化，干旱、缺水问题尤其严重，降水量匮乏不仅给市民带来严重影响，还会带来生活用水、工业用水和农业用水等各种问题。

气候特征　北京地区处于亚洲大陆东岸，地处暖温带半温润地区，气候受蒙古高压的影响，属大陆性季风气候。冬季受西北大陆季风控制，夏季受东南海洋气团影响，四季分明，春季干旱多风，夏季炎热多雨，秋季天高气爽，冬季寒冷干燥。冬季多偏北或西北风，夏季多偏南或东南风，春、秋两季则两种风向交替出现；全年以偏北风为主，多年平均风速 2.4 m/s，月平均风速以 4 月为最大，为 3.3 m/s。年平均气温 10～12℃，1 月 –7～–4℃，7 月 25～26℃；极端最低 –27.4℃，极端最高 42℃以上。全年无霜期 180～200 d，西部山区较短。北京是我国东部沿海少雨区之一，多年平均降雨量 640 mm，受季风影响，雨量年季节分配极不均匀，夏季降雨量约占全年 70%，而春季降雨量不足 60 mm；冬季仅有10 mm；年际变化悬殊，丰水年和枯水年相差近 6 倍。

（2）社会经济

人口规模与分布　2011 年北京市常住人口约 2 018.6 万人，全市人口密度 1 230 人/km²（中国省级行政区第 4 名，次于澳门、香港、上海）。据 2010 年初统计结果显示，全市常住人口出生率为 8.06‰，死亡率 4.56‰，自然增长率 3.5‰。北京外来和流动人口超过1 亿，居全国之冠。[②] 长期以来，由于资源分布不均匀及不合理，造成北京市人口分布不均匀，北京 79.5%的人口集中在城市功能拓展区和城市发展新区。北京市的面积约为16 807 km²，每平方公里的人口密度为 1 230 人。但是分地区看，人口分布极不平衡，核心区人口密度达到 23 271 人/km²，是拓展区的 3.1 倍、发展新区的 23.2 倍、生态涵养区的108.7 倍。从人口分布来看，朝阳区常住人口最多，为 365.8 万人，其次是海淀区和丰台区，分别为 340.2 万人和 217.0 万人，这 3 个区集中了北京市 45.7%的常住人口。此外，昌平区、大兴区、西城区和通州区的常住人口总量也都突破百万，门头沟区的人口最少，为29.4 万人。

经济发展　2011 年北京市地区生产总值达到 16 251.9 亿元，比上年增长 15%，人均地区生产总值超过 8 000 美元。其中，第一产业增加值达到 136.3 亿元；第二产业增加值达到 3 752.5 亿元；第三产业增加值达到 12 363.1 亿元。三次产业结构由 1952 年的 22.2∶38.7∶39.1 演化升级到 2011 年的 0.8∶23.1∶76.1。[③]

（3）能源消费

从终端能源消费的角度看，随着国民总值高速增长，北京市能源消耗也在明显上升。北京市能源消费总量的 94%由外地供应，其外地供应比例天然气为 100%、煤炭为 95%、电力为 64%、成品油为 70%。电力主要从山西、内蒙古和河北等地远程输送，受电比重和依赖程度逐年加大；煤炭主要从山西、河北、内蒙古、宁夏、河南、陕西等地调运入京，以山西煤、河北煤和内蒙古煤为主，本地煤炭生产将逐渐退出市场；天然气主要由陕西长

---

① 北京市园林绿化局关于印发"十一五"工作总结[EB/OL]. [2011-03-17] http://www.bjyl.gov.cn/zwgk/ghxx/jhzj/201103/t20110317_89938.html.

② 北京市基本概况[EB/OL]. [2010-08-20]. http://news.xinhuanet/life/2010-08/20/C_12465779.html.

③ 2008 年北京地区生产总值预计突破万亿[EB/OL]. [2009-01-12] http://finance.sina.com.cn/china/dfjj/20090112/10335748087.html.

庆气田和华北油田供应；成品油少部分由燕山石化供应，大部分需要从华北、华东和华南地区调入。

2011 年，全市能源消费总量达到 6 995.4 万 t 标准煤，比 2010 年增长 0.6%，万元 GDP 能耗下降达到 6.9%。全市第一产业的能源消费量为 100.3 万 t 标准煤，占全市消费总量的 1.4%；第二产业能源消费量为 2 488.7 万 t 标准煤，占全市能源消费总量的 35.6%，第三产业能源消费量为 3 100.5 万 t 标准煤，占全市能源消费总量的 44.3%；居民生活能源消费量为 1 305.8 万 t 标准煤，占全市能源消费总量的 18.7%。与 2005 年的能源消费相比，2010 年的第一产业基本没有变化，第二产业减少 8.7%，第三产业增长 7.0%，生活消费增长 6.2%。[①]

（4）大气环境

近年来，随着城市和经济的快速发展，北京市大气污染呈逐渐加重趋势，1998 年 12 月市政府开始采取紧急措施后，大气一次气态污染物的污染发展趋势得到有效遏制，煤烟型污染得到控制，实现了历史性转折。二级达标天数逐年增加，但是大气污染问题依然严峻，主要表现在：由气象和人为因素双重作用造成的尘污染十分复杂，灰尘自然沉降量虽明显下降，但总悬浮颗粒物和可吸入颗粒物浓度水平居高不下，重污染日基本上是颗粒物的重污染。同时随着机动车保有量的不断增加，NO_x 污染有所抬升，二次污染物 O_3 浓度水平较高。

2010 年全市空气质量二级和好于二级天数达到 286 d，占全年总天数的 78.4%。各区县的空气质量也同步改善，优良天数比例在 68.8%～83.3%。大气中二氧化硫年均浓度值为 0.032 mg/m³，同比下降 5.9%，优于国家二级标准，创近 12 年新低，一氧化碳的年均浓度同比下降了 6.3%。二氧化氮年均浓度值为 0.057 mg/m³，优于国家二级标准，与 2009 年相比基本持平，略有上升。可吸入颗粒物年均浓度值为 0.121 mg/m³，与 2009 年持平，超过国家二级标准 21%。局部地区部分时段臭氧存在超标现象。2010 年，北京市二氧化硫排放量为 11.51 万 t。"十一五"期间（与 2005 年比），二氧化硫排放量削减了 39.73%，其削减比例名列全国第一。

1.3.2 天津市概况

（1）地理地貌

地理位置 天津市位于北纬 38°34′～40°15′、东经 116°42′～118°04′，地处华北平原东北部，东濒渤海，北依燕山，被河北省、北京市环抱，南北长 186 km，东西宽 101 km，总面积 1.19 万 km²（其中，市辖区面积 7 417.86 km²、市辖县面积 4 501.84 km²；陆地面积 8 772.30 km²、水域面积 3 147.40 km²）。疆域周长约 900 km，其中海岸线 152.8 km、陆界长 700 多 km。[②]

地形地貌 天津市的总体地势为西北高、东南低，坡度较小。包括山地、丘陵和平原 3 种地形，除北部有部分山区外，其余均为广阔的平原。平原约占陆地面积的 95%，平原海拔高度大多在 5 m 以下，沿海滩涂海拔高度一般在 2.5 m 以下，大沽为零点。山区分布

① 中国能源年鉴·2005—2007[M]. 科学出版社，2005，2006，2007.
② 天津市互动百科[DB/OL]. [2012-09-05] http://www.hudong.com/wiki/%E5%A4%A9%E6%B4%A5.

在蓟县京沈公路以北，属燕山山脉南侧，海拔高度一般在 100～500 m，境内最高峰在蓟县与兴隆县交界处的大楼山，海拔高度达 1 076 m。

自然生态 天津市的自然生态状况为森林、湿地、海洋等多样生态类型并存。据统计资料显示，2010 年天津市林地面积为 561.8 km²、湿地面积为 2 487.85 km²。天津市林木覆盖率逐年增加，但成片林地较少，天然林匮乏，造林地段的立地条件越来越差，造林难度和造林成本随之越来越高。另外由于造林品种单一，人造林难以取得应有的生态效益。截至 2007 年年末，全市建成区共建有各类绿地 1.9 亿 m²，其中公园绿地 4 740 万 m²，全市共有公园 68 个，其中中心城区 28 个，建成区绿化覆盖率从 2001 年的 26% 提高到 2007 年的 37.5%。湿地是天津市宝贵的自然资源，共有近海及海岸湿地、河流湿地、湖泊湿地、沼泽和沼泽化草甸湿地、其他湿地 5 大类 9 种类型，湿地面积占全市国土面积的 20.87%，占全国湿地总面积的 3.77%。[①] 近年来，由于天津市严重缺水，城市化规模扩大，使湿地生态环境逐步退化，水域面积、湿地面积迅速减少，湿地生产力和生态功能萎缩。1984 年以来，全市已建成不同级别、不同类型的 9 个自然保护区，占全市国土面积的 13.93%。在国内居领先水平。最近 50 多年，天津生态环境退化非常严重，受到干旱、缺水的严重困扰，港口条件越来越差，泥沙淤积越来越多，上述都成为天津市亟待解决的生态问题。

气候特征 天津市位于中纬度欧亚大陆的东岸，是东亚季风盛行的地区。冬半年主要受蒙古高压控制，夏半年为副热带太平洋高压所影响。其主要气候特征是四季分明，春季多风，干旱少雨；夏季炎热，雨水集中；秋季天高气爽，冷暖适中；冬季寒冷，干燥少雪。全市年平均气温 12℃左右，1 月最冷，平均气温 –6～–4℃，7 月最热，平均气温为 26℃左右。年平均降水量为 570～690 mm，降水日数 65～72 d。降水的季节变化显著，冬、春季降水稀少，夏季雨量集中。因受地形和海陆的影响，雨量分布不均，山区多于平原，沿海多于内陆。全年蒸发量为 1 170 mm 左右，以 5 月蒸发量最大。一般年份 10 月下旬初霜，至下年 4 月下旬终霜，平均无霜冻期为 180～203 d。全年日照时数 2 600～3 100 h，以 5 月的日照时数最多，全年太阳总辐射量平均为 125.1 kcal[②]/cm²。风向季节变化明显，冬季盛行偏北风，夏季盛行东南风，春、秋两季则盛行西南风。年平均风速为 2～5 m/s。全年大于 17 m/s 的大风日数平均在 30～53 d，武清、西郊、塘沽及沿海一带大风日数最多，蓟县最少，仅 17 d。

（2）社会经济

人口规模与分布 2011 年年底，天津市常住人口已达 1 355 万人，人口密度 1 139 人/km²[③]。天津市人口分布具有鲜明的大城市人口分布极不平衡的特点。全市人口的大多数集中于市辖区，市辖区人口的大多数又集中于市中心区；中心市区人口在市中心相对密集；滨海地区人口在塘沽、汉沽和大港的城区相对密集；人口密度分布呈现平原高于山区、高亢平原高于低洼平原、河流沿岸高于远河地带趋向；人口分布有沿河流趋向。

经济发展 天津是中国沿海工业基地之一。工业部门较齐全，农业生产有一定基础，是华北地区经济中心和全国 14 个对外开放的沿海港口城市之一。1949 年以后，已由食品、纺织为主，发展成轻、重工业大体相等，部门较齐全的综合性工业城市。目前，天津已形

---

① 天津市人民政府. 2008—2010 年天津生态市建设行动计划[R]. 2008.

② 1 kcal=4.186 8 kJ.

③ 2010 年底天津常住人口 1272 万[EB/OL]. [2011-03-20] http://www.tianjinwe.com/tianjin/jsbb/201103/t20110320_3482899.html.

成以汽车、电子、化工、冶金为四大支柱产业的经济结构。另外，天津市有中国北方最大的港口——天津港，吞吐量占全国 8%的物流量，拥有全国最大的集装箱码头，与世界上 170 多个国家和地区的 300 多个港口保持着贸易往来。2011 年全市实现地区生产总值 11 190.99 亿元，按可比价格计算，比 2010 年增长 16.4%，按常住人口计算，全市人均生产总值达到 8.26 万元，按年平均汇率折合 12 093 美元，比 2010 年增长 11.1%。三次产业全面发展，第一产业、第二产业、第三产业增加值分别比上年增长 3.8%、18.3%、14.6%。三次产业结构分别为 1.4∶52.5∶46.1。城市居民人均可支配收入 2.69 万元，增长 10.8%。全年农村居民人均可支配收入增长 15.5%。

（3）能源消费

天津市的能源消费状况是以煤为主，燃气、燃油为辅，其中清洁能源和可再生能源使用比例低。"十一五"期间，天津市能源供给比例不断提高，2010 年一次能源生产量 5 236.14 万 t 标准煤，比 2005 年增长 1.97 倍，年均增长 30.1%。其中原油生产量为 4 761.22 万 t，比 2005 年增长 1.87 倍，年均增长 14.4%，占一次能源生产量的 90.93%；天然气生产量为 457.12 亿 m^3，比 2005 年增长 3.91 倍，占一次能源生产量的 8.73%。

（4）大气环境

2010 年的统计资料显示，天津市全年环境空气质量达到或优于二级良好的天数为 308 d，占全年总监测天数的 84.4%。可吸入颗粒物为影响环境空气质量的首要污染物。可吸入颗粒物（PM_{10}）年均值为 0.096 mg/m^3；二氧化硫（SO_2）年均值为 0.054 mg/m^3；二氧化氮（NO_2）年均值为 0.045 mg/m^3，各项指标均达年均值二级标准。全市二氧化硫年排放量为 23.52 万 t，其中工业二氧化硫年排放量为 21.76 万 t。全市烟尘年排放量为 6.46 万 t，其中工业烟尘年排放量为 5.38 万 t，工业粉尘年排放量为 0.80 万 t。

1.3.3　河北省概况

（1）地理地貌

地理位置　河北省位于北纬 36°01′～42°37′、东经 113°04′～119°53′，地处华北地区，黄河下游以北，东临渤海，东南和南部与山东、河南两省接壤，西部与山西省为邻，西北部、北部和东北部同内蒙古自治区、辽宁省毗连。西为太行山地，北为燕山山地，燕山以北为张北高原，其余为河北平原，面积为 18.77 万 km^2。南北最大距离 750 km，东西最大距离 650 km，总面积 187 693 km^2。

地形地貌　河北省地处中纬度沿海与内陆交接地带，地势西北高、东南低，从西北向东南呈半环状逐级下降。境内具有各种地貌形态，西北部为山区、丘陵和高原，其间分布有盆地和谷地，中部和东南部为广阔的平原。海岸线长 487 km。地貌复杂多样，高原、山地、丘陵、盆地、平原类型齐全，有坝上高原、燕山和太行山地、河北平原三大地貌单元。其中，山地面积约 6.55 万 km^2，占全省总面积的 35%；高原面积约 1.60 万 km^2，占全省总面积的 8.5%；丘陵面积约 0.77 万 km^2，占全省总面积的 4.1%；盆地面积约 1.69 万 km^2，占全省总面积的 9%；平原面积约 8.16 万 km^2，占全省总面积的 43.3%。

自然生态　随着退耕还林等工程的实施，河北省近几年的森林面积迅速增加。但从总体上看，河北省森林资源仍存在总量不足、分布不均、质量不高等问题。目前河北省森林覆盖率为 19.48%，在全国排第 19 位；人均有林地面积 553.6 m^2，不到全国平均水平的一半。河北是中国开发较早的地区之一，境内太行山、燕山地区、坝上等地区历史上草木茂盛，但经长期战乱和过度开发，近几十年植被系统已遭到严重破坏，给河北以至北京、天津的生态环境造成严重影响。目前，河北省水土流失面积 6.3 万 km²，占国土总面积的 30%；荒漠化土地 2.72 万 km²，占国土总面积的 14.4%；特别是张家口和承德坝上地区、太行山区、黑龙港流域，仍然属于生态脆弱区，制约着当地经济和社会发展，也对生态安全构成威胁。

气候特征　河北属温带季风气候—暖温带、半湿润—半干旱大陆性季风气候，特点是冬季寒冷少雪，夏季炎热多雨；春多风沙，秋高气爽。由于南北跨度大，以及地形影响，气候的分带性明显，坝上高原属半干旱区，坝上高原以南、长城以北属半干旱半湿润区，长城以南属半湿润易旱区。全省年平均气温在 4～13℃，1 月为 −4～2℃，7 月为 20～27℃，大体西北高东南低，各地的气温年较差、日较差都较大。年平均降水量分布很不均匀，年变率也很大。一般的年平均降水量在 400～800 mm。夏季降水常以暴雨形式出现，春季降水少。年日照时数为 2 400～3 100 h，全年无霜期为 110～220 d。

（2）社会经济

人口规模与分布　河北省人口密度较大，2008 年为 359 人/km²，截至 2010 年年底全省总人口为 6 744 万人，位居全国第五位。河北省人口分布格局为南密北疏和中密西疏，平原人口密集，山地和丘陵人口分布不均匀，京广铁路和京山铁路沿线人口最密集，城镇人口比重低，乡村人口比重高。[①]

经济发展　河北农业发展历史悠久，是我国重要的粮棉产区，主要的经济作物是棉花，主要粮食作物有小麦、玉米、高粱、谷子、薯类等；畜牧业和渔业也是重要经济组成部分。河北工业在新中国成立后有了较大发展，现已成为全国重要的煤炭、钢铁、纺织工业基地，电力、机械、化工、轻工部门也发展较快。2010 年，河北省地区生产总值实现 20 197.1 亿元，按可比价格计算，比上年增长 12.2%，全国排名第六。城镇居民人均可支配收入 14 718.25元，农民年均纯收入 5 150 元。2010 年全省社会消费品零售总额 6 724 亿元，比"十五"末增长 1.3 倍，年均增长 18%，高于同期河北省 GDP 增速。

（3）能源消费

河北省既是能源生产大省，也是能源消费大省，能源消费总量居全国第四位。河北省的能源结构以煤为主，煤炭约占全省能源总需求量的 90%，占终端能源消费构成的近 60%。[②]燃煤产生大量污染物，导致严重的大气污染和水污染。河北省以煤为主的能源结构，大大增加了能源利用的环境负担和运输压力。加强能源、环境、经济发展的综合规划，逐步提高能源生产和消费结构中的电能比重，调整和优化结构，降低能源消费，实现间接节能，大力推进节能工作，提高能源利用水平，发展少污染的煤开采技术和清洁煤技术，逐步加大可再生能源的开发利用，是实现河北省经济可持续发展的物质基础。

（4）大气环境

环境统计资料显示，河北省 2009 年主要污染物排放量下降。2009 年，河北省二氧化硫排放量为 125.35 万 t，提前一年半完成了"十一五"减排任务。虽然污染减排工作取得

---

① 中国地理概况[DB/OL]. [2012-12-28] http://www.cssn.cn/news/137932.html.

② 河北省节约能源规划[EB/OL]. www.cbm.cn/data/files/.

了突破性进展，但受历史形成的产业和能源结构偏重等因素影响，污染排放总量仍然偏大，人均二氧化硫排放量达 17.9 kg。[①]

2009 年，河北省 8 个城市的大气质量达二类区环境质量标准，全省优良天数平均为 334 d，比 2008 年增加 10 d。秦皇岛、廊坊、沧州、衡水、承德、保定、邢台和张家口 8 个城市空气质量达到二类区环境质量标准。尽管 2009 年全省二级及以上天数有较大幅度增长，但是主要污染物浓度值还比较高，11 个设区市中还有 3 个没有达到国家二级标准，一些达标城市的主要污染物浓度紧邻标准上限。

环境统计资料显示，河北省 2011 年空气质量总体良好，全省优良天数平均为 339 d。2011 年，河北省可吸入颗粒物浓度为 0.076 mg/m^3；二氧化硫浓度为 0.042 mg/m^3；二氧化氮浓度为 0.028 mg/m^3。尽管在污染物减排方面取得了一定的进展，但全省污染物排放总量仍然较高。2011 年全省二氧化硫排放量为 141.21 万 t；氮氧化物排放量为 180.12 万 t，其中机动车排放量为 56.18 万 t。

---

① 河北省环境保护厅. 2009 年度环境质量状况公报[R]. 2009.

第2章 国内外研究现状

由于区域重污染问题对人体和环境危害较大，引起国内外的广泛关注。目前国内外围绕大气重污染问题，从污染成因、与天气要素关系、污染物的主要化学成分及形成过程、污染物来源等方面展开了大量研究工作。本章主要从区域性大气重污染、源解析方法、气象模式发展及应用和空气质量预报方法等几个方面进行研究现状的介绍。

2.1 区域性大气重污染研究现状

近年来研究发现天气过程与区域颗粒物浓度的演变存在对应关系[①]，应用这种关系来研究区域重污染问题并进行污染预报是一种简捷有效的途径。这种方法避免了在众多的影响因子之中进行筛选以及复杂的物理、化学过程，通过大尺度天气背景场分析[②]以及天气型的演变对区域重污染进行快速判断，为区域重污染的科学研究开辟了新的道路。

2.1.1 大气环境背景场与区域重污染

区域大气重污染现象是一个复杂的大气物理、大气化学和天气过程共同作用的结果，其影响因子包括：大气湍流运动、边界层高度、地转偏向力、下垫面摩擦力、大尺度气压梯度力、大气稳定度等大气物理因子；NO_2、CO、SO_2、O_3 等污染物的在大气中的化学反应及其向二次污染物的转换等大气化学因子；大气的温度、湿度、气压、降水、风速、风向等气象因子。因此，研究区域大气环境重污染的形成条件、确定重污染日的发生和持续的时间、判断重污染发生的具体位置以及重污染的污染指数是十分复杂的综合学科问题。

事实上，污染物在边界层中的扩散、输送、湍流运动、积累、清除受到大尺度环境背景场的影响，在特定的背景场下，当地排放的污染物在局部地区积累以及外来污染物向本地的输送是形成局地重污染的重要原因之一。因此，大气环境背景场与区域重污染现象密切相关。

2.1.2 天气过程与区域重污染

对于气象与环境污染的关系影响以及对应关系，起初研究多以单一气象要素与污染物浓度之间的关系为主要研究内容，这种研究多基于统计学方法，由于缺乏动力机制导致所得结果的应用范围和准确程度受到很大限制，此后多从大气的运动规律与环境污染的关系方面进行研究。

---

① Chen Z H, Cheng S Y, Li J B. Relationship between atmospheric pollution processes and synoptic pressure patterns in northern China[J]. Atmospheric Environment, 2008（42）: 6078-6087.

② 任阵海, 苏福庆. 大气输送的环境背景场[J]. 大气科学, 1998, 22（9）: 454-459.

　　任阵海等根据 2002 年全国 PM_{10} 日平均浓度的演变进行分区，配合主要站点的温度廓线，通过研究发现区域大气边界层的污染物浓度的演变具有明显的发生、加重、缓解、结束的阶段演变特点。[①] 研究指出，边界层内不同天气尺度的气压系统及其相互作用产生的背景场是造成区域大气环境污染物浓度演变的主要影响因素。这种相互作用与天气过程相联系，具有过程的特点。在稳定的大尺度背景场下，容易形成近地层局地性中小尺度气压系统，它也具有发生、加重、缓解、结束的过程特点。这一观点，即大气环境过程和天气过程的相互关系，是应用天气过程解决大气环境污染问题的基础。

　　陈朝晖等利用中国主要城市的 API 以及大尺度气压场资料进行对比分析研究，发现在天气型和空气污染指数的时间演变之间存在对应关系。[②] 康娜等用北京西山阳坊监测站资料，采用大气污染过程环境背景的模拟及监测资料对比方法，对北京地区一次细粒子重污染的形成与演变过程进行了详细的诊断分析。[③] 发现这次重污染过程中，日均值最高达到 313 $\mu g/m^3$，超过世界卫生组织给出的 $PM_{2.5}$ 的 24 h 平均的指导值 25 $\mu g/m^3$ 的 10 多倍。两次较强偏北风之间的持续性的偏南风及边界层底层地方性环流背景场汇聚及周边高浓度排放，是重污染过程形成的主要原因。

　　康娜等利用空气污染指数和天气型资料，使用污染物浓度的区域同步性特征及聚类分析方法，选取典型时段，将我国区域污染过程分为 7 个区域，并且对其中的华北地区类和华东地区类城市群污染物浓度的区域环境过程同步演变特征进行了对比分析，研究发现天气型组合系统、分布、尺度、移动和演变是造成大气环境质量区域性分布特征。[④]

　　范清等对北京夏季 PM_{10} 的变化过程与天气型的对应关系进行研究，指出北京夏季的 PM_{10} 浓度与天气背景的演变为：在 PM_{10} 浓度上升阶段，北京主要受副热带高压控制并持续数天，具有弱气压特征。随后，在偏南气流的作用下，外来污染物进入北京，在北京的南部污染物输送和汇聚，PM_{10} 浓度继续上升。当冷锋逼近时，PM_{10} 浓度出现峰值。在冷锋后部的大陆高压前锋对污染物具有较强的清除作用，PM_{10} 浓度迅速下降至谷值。同时，冷锋附近形成的湿沉降也是 PM_{10} 浓度下降的原因之一。[⑤]

　　另外，近年来华北地区秋冬季节多次发生区域性重污染事件，已引起有关部门的关注和研究。一些华北地区边界层辐合系统对污染的影响研究结果表明，在北京及周边地区，传输辐合是严重污染的主要因素。北京的地形背景是处于太行山、燕山山坳的半盆地之中，大气自然环境同时受着山系地形、山坳半盆地及西风带天气的影响，因此北京地区具有特有的大气区域环境特点。徐祥德等通过研究发现北京的重污染过程与周边污染源排放有很密切的关系。[⑥] 研究认为北京城市重污染过程与南部周边城市群落排放源影响相关显著，北京周边向南开口的类似"马蹄形"地形可能导致周边源远距离输送的污染物"滞留"效应，形成北京与南部周边排放源近似南—北向带状影响域。该研究结果揭示了北京城区重污染过程河北、山东和天津等地城市群落污染排放源扩散轨迹，证实了北京城市重污染过

① 任阵海，苏福庆，高庆先，等. 边界层内大气排放物形成重污染背景解析[J]. 大气科学, 2005, 29（1）: 57-64.
② 陈朝晖，程水源，苏福庆，等. 华北区域大气污染过程中天气型和输送路径分析[J]. 环境科学研究, 2008, 21（1）: 17-21.
③ 康娜，辛金元，蔺永耀，等. 北京山前典型细粒子污染过程的气象条件分析[J]. 环境科学研究, 2009,（22）: 1014-1020.
④ 康娜，高庆先，王跃思，等. 典型时段区域污染过程分析及系统聚类法的应用[J]. 环境科学研究, 2009,（10）: 1120-1127.
⑤ 范清，程水源，苏福庆，等. 北京夏季典型环境污染过程个例分析[J]. 环境科学研究, 2007, 20（5）: 12-19.
⑥ 徐祥德，周丽，周秀骥，等. 城市环境大气重污染过程周边源影响域[J]. 中国科学 D 辑（地球科学）, 2004, 34（10）: 958-966.

程加剧的重要因素之一是南部周边城市污染物外源的输入。王自发等对区域硫沉降及输送进行了一定的研究。[①]

2.2 源解析方法研究现状

源解析研究有助于认识污染过程中源排放与大气环境的相互关系，下面将对源解析方法研究现状进行简要总结。

2.2.1 大气颗粒物化学组分分析

（1）元素组分分析方法

原子吸收光谱（Atomic Absorption Spectroscopy，AAS），即原子吸收光谱法，是基于气态的基态原子外层电子对紫外光和可见光范围的相对应原子共振辐射线的吸收强度来定量测定被测元素含量的分析方法，是一种测量特定气态原子对光辐射的吸收的方法。此法是 20 世纪 50 年代中期出现并在以后逐渐发展起来的一种新型的仪器分析方法，它在地质、冶金、机械、化工、农业、食品、轻工、生物医药、环境保护、材料科学等各个领域有广泛的应用。该法主要适用于样品中微量及痕量组分分析。[②] 该方法具有灵敏度高、成本低、操作容易等特点。包贞等在 2006 年，针对不同季节大气中的 $PM_{2.5}$ 和 PM_{10} 样品，利用原子吸收光谱方法，测定了杭州市大气 $PM_{2.5}$ 和 PM_{10} 中的 Cd、Na、K、Mg 四种元素。[③] 但这种方法的局限性在于只适合测定少量元素。

中子活化分析（Neutron Activation Analysis，NAA）是活化分析中最重要的一种方法，用反应堆、加速器或同位素中子源产生的中子作为轰击粒子的活化分析方法，是确定物质元素成分的定性和定量的分析方法。它具有很高的灵敏度和准确性，对元素周期表中大多数元素的分析灵敏度可达 $10^{-13} \sim 10^{-6}$ g/g，因此在环境、生物、地学、材料、考古、法学等领域的微量元素分析工作中得到广泛应用。刘立坤等于 2004 年在北京市城区、郊区 3 个采样点，收集了 $PM_{2.5}$ 和 PM_{10} 样品，并用中子活化法（INAA）法测定了 PM_{10} 中的 43 种元素和 $PM_{2.5}$ 中的 40 种元素。[④] 另外，杨伟涛等于 2005 年春夏两季对北京市郊区的 PM_{10} 和 $PM_{2.5}$ 进行采样，并结合中子活化分析法对颗粒物中的元素进行测定。[⑤]

电感耦合等离子质谱技术（ICP-MS）是 20 世纪 80 年代发展起来的分析测试技术。它是以独特的接口技术将电感耦合等离子体 ICP 的高温（7 000 K）电离特性与四极质谱仪的灵敏快速扫描的优点相结合而形成的一种新型的元素和同位素分析技术，可几乎分析地球上的所有元素。这种分析技术的主要优点为：①检出限较低（对绝大部分元素的检出限都可达到 10^{-6} 级。②线性动态范围宽（可为 6～9 个数量级），可直接检测到 $1\,000 \times 10^{-6}$。③谱线简单，干扰少。④分析速度快，每个样品可能只需 1～3 min。⑤可以对多种元素同时进

① Wang Z F，Sha W M，Ueda H. Numerical modeling of pollutant transport and chemistry during a high-ozone event in Northern Taiwan[J]. Tellus B，2000，52（5）：1189-1205.

② Patterson E，Eatough D J. Indoor/outdoor relationships for ambient $PM_{2.5}$ and associated pollutants：epidemiological implications in Lindon，Utah[J]. Journal of Air & Waste Management Association. 2000，（50）：103-110.

③ 包贞，冯银广，焦荔. 杭州市大气中 $PM_{2.5}$ 和 PM_{10} 污染特征及来源分析[J]. 中国环境监测，2010，26（2）：99-102.

④ 刘立坤，田伟之，王平生. 用中子活化法分析北京地区三个采样点的大气颗粒物[J]. 同位素，2005，18（2）：67-72.

⑤ 杨伟涛，倪邦发，王平生. 大气颗粒物 PM_{10} 和 $PM_{2.5}$ 元素组成的中子活化分析[J]. 原子能科学技术，2007，41（2）：228-231.

行分析。⑥可以灵活地进行定性、半定量、定量及同位素的分析。正是由于这种技术有如此多的优点，目前已广泛应用于环境样品分析过程中。邹本东等于 2004 年 10 月在北京市布设 6 个采样点，对大气中的 PM_{10} 进行采样，并运用 ICP-MS 对 PM_{10} 样品进行无机元素分析。①

（2）可溶性组分分析方法

离子色谱法能够同时、快速测定多种离子，尤其在测定阴离子方面有其他方法不可比拟的优越性。② 离子色谱法作为我国推荐使用的方法，虽然尚未达到标准化的程度，但在研究大气颗粒物可溶性离子方面的应用越来越多。邹本东等于 2004 年对北京市大气中的 PM_{10} 进行采样，并利用离子色谱法对 NH_4^+、NO_3^-、SO_4^{2-} 等水溶性二次离子进行分析。张宁等研究了兰州市 1990 年和 2007 年冬季在同一地点采集的大气气溶胶样品，使用离子色谱法对 8 种水溶性无机阴离子和 6 种阳离子进行了分析。③

（3）碳质组分分析方法

颗粒物中的碳质组分对人类健康和气候有着显著的影响，碳质组分通常包括有机碳（OC）、元素碳（EC）。OC 代表了大量的有机物，包括脂肪族化合物、芳香族化合物和有机酸等，EC 则是复杂的混合物，它含有纯碳、石墨碳，也含有高分子量、黑色的、不挥发的有机物，如焦油、焦炭等。国际上对二者的分析迄今尚无统一的实验室标准，因此其定量区取决于实验室中采用的分析方法，具有较大的不确定性。朱先磊等于 2000—2001 年采用热/光吸收法测定 $PM_{2.5}$ 样品中的 OC 和 EC，研究发现生物质燃烧和二次硫酸盐和硝酸盐随季节变化比较明显。④ 张学敏等采用中国科学院西安地球环境研究所碳气溶胶实验室的碳质组分分析仪分析出悬浮在大气中的气溶胶粒子所含的有机碳（OC）和元素碳（EC），判断出气溶胶粒子中有机碳和元素碳的主要来源。⑤

2.2.2　大气颗粒物来源解析方法

由于颗粒物的来源复杂，影响因素很多，它既有来自固定排放源又有来自无组织排放，又受到人群活动的影响以及风速、湿度等气象因素的制约。对空气中的颗粒物进行防治，就需要对大气颗粒物的来源进行研究，还要计算出各个污染源对大气环境的贡献，这就是源解析技术。源解析技术从 1973 年由美国科学家 Friedlander 开创至今，经历不到 40 年的高速发展，该技术已逐渐发展成熟。源解析技术的发展始于以排放量为基础的扩散模型。在早期的大气污染研究中，人们主要以污染源排放资料为依据，用扩散模型来估算污染物的空间分布，进而判断各种源对所研究地点大气颗粒物浓度的贡献。扩散模型可以很好地建立起有组织排放的烟尘源和工业粉尘源与大气环境质量之间的定量关系。但是扩散模型无法应用于源强难以确定的无组织源。但随着大气颗粒物采样仪器和化学分析技术的发展，人们逐渐把着眼点由排放源转移到了受体，而受体模型（receptor model）是解决该问题的重点。

---

① 邹本东，徐子优，华蕾. 因子分析法解析北京市大气颗粒物 PM_{10} 的来源[J]. 中国环境监测. 2007, 23（2）：79-85.

② 张宁，洪竹，李利平. IC 法分析大气颗粒物水溶性离子的国内外研究进展[J]. 中国环境监测, 2007, 23（5）：14-18.

③ 张宁，李利平，董继元. 1990 年与 2007 年兰州冬季大气气溶胶中水溶性离子浓度比较[J]. 环境科学研究, 2010, 23（5）：647-652.

④ 朱先磊，张远航，曾立民，等. 北京市大气细颗粒物 $PM_{2.5}$ 的来源研究[J]. 环境科学研究, 2005, 18（5）：1-5.

⑤ 张学敏. 厦门市大气可吸入颗粒物源解析的研究[J]. 环境科学与技术, 2007, 30（11）：51-54.

受体模型就是通过对大气颗粒物环境和源的样品进行化学或显微镜分析来确定各类污染源对受体的贡献值的一系列源解析技术。受体模型不需要知道源强的大小，不依赖于气象资料、地形数据等，能够很好地解决无组织源的贡献问题，也不用追踪颗粒物的迁移过程，避开了源模型计算遇到的困难。受体模型从 20 世纪 70 年代出现至今，目前主要的研究方法有显微镜法和化学—统计学方法。显微镜法包括光学显微镜、扫描电子显微镜、透射电子显微镜等方法。化学—统计学方法主要包括化学质量平衡（CMB）法、因子分析法、特征向量分析、富集因子分析以及投影寻踪回归法等。下面基于大量大气颗粒物源解析方面的国内外研究现状，对主要的受体模型方法进行介绍。

（1）显微法

显微法主要包括光学显微镜（OM）、扫描电子显微镜（SEM）、透射电子显微镜等。显微法适用于分析形态特征比较明显的气溶胶，需根据单个颗粒物粒子的大小、颜色、形状、表面特性等形态上的特征判断颗粒物来源。[1] Gomez 等在 2004 年利用扫描电子显微镜（SEM）方法分析大气颗粒物的物相组成，并鉴别来源分析。[2] 徐惠芳等曾在 X 射线衍射分析的基础上，进一步用透射电子显微镜对合肥地区大气降尘进行观察，发现一些 X 射线衍射仪没有检测出的物相，这些物相对解释大气颗粒物污染来源有重要意义。[3] 但显微法同样也存在许多弊端，如分析时间较长、费用昂贵以及只能确定具有特征形态的颗粒物的发生源的局限性。

（2）化学—统计学方法

范畴较广的化学法都基于质量守恒，是质量平衡的应用，即在某一采样点处测量到的大气颗粒物的特征值是对颗粒物有贡献的污染源相应特征值的线性叠加。化学—统计学方法主要包括化学质量平衡法（CMB）、因子分析法、富集因子法、二重源解析技术、人工神经网络方法以及 PMF 正交矩阵因子分解法。

①化学质量平衡法

1972 年，Miller、Friedlander 等第一次正式给出了化学元素平衡法所依赖的等式，并将其命名为化学元素平衡法（CMB）。1980 年，Cooper 和 Watson 将此方法命名为化学质量平衡法（Chemical Mass Balance，CMB）。由美国国家环境保护局开发研究的化学质量平衡模型已经广泛地应用到环境问题当中，现已更新到 EPA-CMB 8.2 版本。该模型需要获得某类源的源谱数据以及环境颗粒物的浓度，但该模型无法区分化学、物理性质相似的源。

化学质量平衡法的基本原理就是质量守恒。有 4 个假设条件：一是可以识别出对环境受体中的大气颗粒物有明显的污染源类，且各源类所排放的颗粒物的化学组成有明显的差别；二是各源类所排放的颗粒物的化学组成相对稳定，化学组分之间无相互影响；三是各源类所排放的颗粒物之间没有相互作用，在传输过程中的变化可以被忽略，并且所有的污染源成分谱是线性无关的；四是污染源种类低于或等于化学组分的种类。李祚泳等分别把遗传算法（GA）和蚁群算法（ACA）引入到 CMB 排放源成分谱分布寻优，获得各污染源

[1] 郭琳，肖美，何宗健. 关于大气颗粒物源解析技术综述[J]. 江西化工，2006（4）：73-75.

[2] Gomez E T，Sanfeliu T. Geochemical characteristics of particulate matter in the atmosphere surrounding a cermic industrialized area[J]. Enviromental Geology，2004，45（5）：536-543.

[3] 徐惠芳，陈天虎. 大气降尘 TEM 观察及其环境矿物学意义[J]. 岩石矿物学杂志，2003，22（4）：425-428.

对大气颗粒物的最优贡献率。[1]

②因子分析法

因子分析法是布利福德等在研究气溶胶的过程中提出的，其原理为将一些具有复杂关系的变量或样品归结为几个较少的综合因子的一种多元统计方法。[2] 其基本假设为：第一，污染物从排放源到采样点遵循质量守恒；第二，某种元素是各个污染源的线性组合，且各个污染源之间互不相关；第三，各个污染源贡献的某元素的量应有差别。

常见的因子分析法包括主因子分析（principal factor analysis，PFA）和目标转移因子分析（target transformation factor analysis，TTFA）。主因子分析法是基于因子分析法的原理而建立起来的一种方法，但不同于因子分析法的是选取主成分，且主成分的方差之和需占总方差的80%以上，进而获取因子载荷矩阵，之后再结合因子质量浓度随时间和粒径的变化曲线、各种气象条件推断主成分的种类，但该方法只能得到每个排放源的相对贡献率。而目标变换因子分析法能够弥补因子分析法只能定性描述各污染源的重要性的问题。因子分析法广泛应用于国内外大气污染物源解析研究当中，崔明明等在讨论广州市区及其附近地区 PM_{10} 的化学组分特征的同时，运用主因子分析法对 PM_{10} 的主要来源进行解析。[3] Harrison 等利用因子分析法对伯明翰、科英布拉、拉合尔的大气污染物来源进行比较和研究。除此之外，Harrison 还运用因子分析法对英国伯明翰城区的大气气溶胶物质的有机、无机成分进行综合研究。[4]

③富集因子法

富集因子法（EF）是由戈登（Gorden）于1974年首先提出来，它用于研究大气颗粒物中元素的富集程度，该方法可用于判断气溶胶粒子中元素的自然源和人为来源。

富集因子法首先选择一种相对稳定的元素 R 作为参比元素，将气溶胶粒子待考察元素 i 与参比元素 R 的相对浓度 $(X_i/X_R)_{气溶胶}$ 和地壳中相对元素 i 和 R 的平均丰度求得的相对浓度 $(X_i'/X_R')_{地壳}$，[5] 按下列公式求得富集因子（EF）$_{地壳}$：

$$富集因子（EF）_{地壳} = (X_i/X_R)_{气溶胶}/(X_i'/X_R')_{地壳} \tag{2-1}$$

一般认为，其中某元素 EF 值大于10，则认为该元素来源于人为活动所产生的；若 EF 值小于10或接近1，则认为该元素来源为土壤或岩石化的尘埃。虽然这种方法仅能定性地分析颗粒物的来源，但由于该方法不需要获得源谱数据，而且简单易懂，经常与其他源解析方法联合使用，结果还是相对可靠的。但富集因子法也存在自身的局限性，由于不能找到一种完全没有污染的元素作为参比元素代表整个研究区域的无污染本底，因此该方法只能大概描述污染物的污染程度。[6]

[1] 李祚泳，王钰，邓新民. 大气颗粒物污染源的遗传算法解析模型[J]. 重庆环境科学，2000，22（5）：58-60.
[2] Gomez E T，Sanfeliu T. Geochemical characteristics of particulate matter in the atmosphere surrounding a cermic industrialized area[J]. Enviromental Geology，2004，45（5）：536-543.
[3] 崔明明，王雪松，苏杭. 广州地区大气可吸入颗粒物的化学特征及来源分析[J]. 北京大学学报，2008，44（3）：459-466.
[4] Harrison Roy M，Smith D J T. Comparative receptor modeling study of airborne particulate pollutants in Briminghan，Coimbra and Lahore[J]. Atmospheric Environment，1997，31（20）：3309-3321.
[5] 易慧，叶代启，付名利. 大气可吸入颗粒物源解析方法进展[J]. 环境保护科学，2007，33（1）：8-11.
[6] 彭希陇. 南昌市 PM_{10}、$PM_{2.5}$ 的污染特征及来源解析[D]. 南昌：南昌大学，2009.

④二重源解析技术

考虑到颗粒物来源的复杂性，以及来自同一污染源的颗粒物会以不同形式、途径进入到大气环境中，在用化学质量平衡法（CMB）进行源解析的同时，会产生多种解的情况。扬尘对环境空气中颗粒物的贡献是客观存在的，只要存在各单一尘源类，就存在扬尘，环境空气中的同一源类的颗粒物一部分直接来源于源的排放，另一部分则是在环境空气中沉降后再次或多次以扬尘的形式进入到环境空气中。另外，扬尘污染源本身既可以看成受体，也可以视为污染源。扬尘污染源包括建筑扬尘、汽车尾气扬尘、煤烟尘、钢铁尘等，很难将扬尘视为单独某一种污染源的贡献，但既然扬尘可以视为受体，也可以采用 CMB 模型计算其他尘源对扬尘的贡献，随后再将扬尘视为污染源，用 CMB 模型计算对其他受体的贡献率。因此，二重源解析技术正是利用 CMB 模型的特点，解决了目前 CMB 模型没有解决的技术难题。

⑤人工神经网络方法

随着源解析技术的不断发展，李祚泳提出人工神经网络——BP 网络法。它以污染源作为输入因子，一般由输入层、隐层和输出层组成三层网络，相邻两层的节点之间通过权值连接，网络因子的权重贡献就是污染源贡献率，该贡献率可以用公式计算出来。BP 网络法优点在于针对个别采集样品有误以及不确定的数据有很强的容错性，而且即使数据资料很少也可以得到较正确的结果。

⑥PMF 正交矩阵因子分解法

正交矩阵因子分解法（Positive Matrix Factorization）是由 Paatero 和 Tapper 在 1993 年提出的一种有效的数据分析方法。其思路是：首先利用权重计算出颗粒物中各化学组分的误差，然后通过最小二乘法来确定出颗粒物的主要污染源及其贡献率。PMF 是 1993 年才出现的一种有效、新颖的颗粒物源解析方法，与其他源解析方法相比，具有不需要测量源成分谱，分解矩阵中元素分担率为非负值，可利用数据标准偏差来进行优化，并且可处理遗漏数据和不精确数据等特点。利用该方法已经成功地对香港、北京以及泰国、美国、芬兰和澳大利亚等国家和地区中大气颗粒物的来源进行过研究。PMF 解析结果与监测结果进行对比发现，PMF 得到的主要源成分谱与样本最接近，准确度最高。

2.3　气象模式发展及应用现状

数值模式是利用数学模型进行模拟实验的平台。自 2000 年以来，随着计算机技术、数据同化技术以及观测技术的飞速发展，模式研究者将大气动力学理论与数学物理的发展密切结合，极大地推动了中尺度大气数值模式和模拟的迅速发展，其中比较有名的大气数值模式包括：美国国家环境预报中心（NCEP）的业务预报中尺度模式 Eta，由宾夕法尼亚州立大学/国家大气研究中心 PSU/NCAR 开发的中尺度模式第五版本 MM5 模式，由美国 NOAA、NCEP、Air Force 等联合开发的多尺度数值预报模式 WRF，中国国家气象局的中尺度预报模式 GRAPES，法国的 MESONH 中尺度非静力模式，英国气象局业务中尺度模式 UKMO 模式，日本的 JRSM 区域谱模式，科罗拉多州立大学 CSU 的区域大气模拟系统 RAMS，俄克拉何马大学 UO 的先进区域预报系统 ARPS，北卡州立大学的中尺度大气模拟系统 MASS，海军舰队数值气象和海洋中心 FNMOC 的耦合海洋/大气中尺度预报系统

COAMPS，加拿大的中尺度可压缩共有模式 MC2 等。

2.3.1　RAMS

RAMS（Regional atmosphere Modeling system）是美国科罗拉多州立大学结合 3 个相关模式（CSU 云/中尺度模式、流体静力的云模式和海陆风模式）的大气动力模式。RAMS模式在垂直方向上采用了 σ2 地形追随坐标系统，采用标准 Arakawa C 跳点网格形式，该模式是非流体静力、原始方程中尺度模式，同时，该模式采用了双向嵌套网格技术。因此，这些特点使得采用细网格模拟小尺度或中尺度系统，同时用粗网格模拟大尺度大气背景场成为可能，因而可以用于城市局地尺度大气环境动力场模拟研究。RAMS 模式经常用于中尺度系统的模拟（水平尺度从 2～2 000 km），如对流云、龙卷、雷暴、积云、卷云、非均匀地表上对流边界层中涡流和陆气相互作用等中尺度现象，RAMS 甚至被用于模拟风洞内的湍流和建筑物扰流等微尺度现象。

RAMS 最大特点是能够较为准确地模拟边界层的小尺度结构，是研究大气边界层通量和湍流特征广泛使用的模式[1]，该模型具有高分辨率模拟边界层结构的特点[2]，水平最高分辨率能小于 100 m。Cox 等对比了 RAMS、MM5、NOPAPS6 和 RWM 4 种模式的模拟性能，结果表明 RAMS 模式的模拟结果最佳，优于 MM5。[3] Antigoni Voudouri 和 George Kallos等在 RAMS 大气模式的基础上加入了汞处理模块，并利用 RAMS-Hg 模型模拟了北美东部地区的 Hg 湿沉降。[4] Zhong 和 Fast 利用 VTMX 试验观测数据，比较了 MM5、RAMS 和NCEP Meso-Eta 在高分辨率配置下（水平 1 km）的模式性能，结果显示表明 3 个模式有共同特点，RAMS 能更好地捕捉山谷风环流。[5] 中国海洋大学傅刚等利用各种观测资料和RAMS 模式 4.4 版对 2004 年 4 月 11 日发生在黄海海域的一次海雾事件进行了研究，分析了发生海雾天气现象的大气背景场和气海温差场。[6] 张美根等将区域大气模式系统（RAMS）和区域大气质量模式系统（CMAQ）进行耦合，利用该模型对东亚地区 2001 年春季气溶胶的输送及其化学转化过程进行了研究。[7] 安兴琴等利用 RAMS 和大气扩散模式HYPACT，模拟并分析了兰州市冬季 SO_2 的扩散特征，SO_2 的浓度分布的日变化受到大气流场的日变化影响，区域的 SO_2 浓度的分布与污染源的排放方式有关，特别是污染源的高

① Chen F，Avisar R. The impact of land-surface wetness heterogeneity on mesoscale heat fluxes[J]. Journal of Applied Meteorology and Climatology，1994（33）：1323-1340；RONI A，TATYANA S. An evaluation of the scale at which ground-surface heat flux patchiness affects the convective boundary layer using large-eddy simulations[J]. Journal of the Atmospheric Sciences，1998（55）：2666-2689.

② 姜金华，胡非，程雪玲. 土壤含水量空间尺度分布非均匀对中尺度脉动量和通量的影响研究[J]. 地球物理学报，2006，49（2）：375-382；姜金华. 非均匀边界层及其对中尺度通量的影响研究[D]. 北京：中国科学院大气物理研究所，2004.

③ Cox R，Bauer B L，Smith T A. Mesoscale Model inter comparison[J]. Bulletin of the American Meteorological Society，1998，79（2）：265-283.

④ Antigoni V，George K. Validation of the integrated RAMS-Hg modelling system using wet deposition observations for eastern North America[J]. Atmospheric Environment，2007，41（20）：5732-5745.

⑤ Zhong S，Fast J. An evaluation of the MM5，RAMS，and Meso-Eta Models at subkilometer resolution using VTMX Field Campaign Data in the Salt Lake Valley[J]. Monthly Weather Review，2003，131（7）：1301-1322.

⑥ 傅刚，王菁茜，张美根，等. 一次黄海海雾事件的观测与数值模拟研究——以 2004 年 4 月 11 日为例[J]. 中国海洋大学学报：自然科学版，2004，34（5）：720-726.

⑦ 张美根. TRACE-P 期间硫酸盐、硝酸盐和铵盐气溶胶的模拟研究[J]. 高原气象，2003，22（1）：1-6.

度对 SO_2 浓度的空间分布影响较大。[①]

2.3.2 ETA 模式

ETA 模式是一个地形呈阶梯状分布的有限区域静力原始方程格点模式。垂直方向采用 η 坐标，避免了陡峭地形下等 σ 面过于倾斜的缺点，减少了地形坡度引起的虚假水平气压梯度力效应，这是该模式的显著特点。湿过程用的是显式水汽方案及 Betts 积云参数化方案，行星边界层和湍流过程采用 Mellor 和 Yamada 方案，地面温度由能量守恒方程计算得到，辐射过程为 GFDL 的简单辐射冷却方案。该模式作为 NCEP 的中尺度业务模式已运行多年，模式的稳定性和各方面性能已经过严格的检验。

Eder 等对 ETA-CMAQ 模式的业务运行状况进行了性能评估，发现该模式系统在受高压控制的晴朗天气条件下对 O_3 的预测效果较好，而在多云、受气旋或锋面控制的天气条件下的预测效果较差。Isakov 等利用 2004 年在加利福尼亚 Wilmington 进行的野外示踪大型综合观测实验获取的数据，设计了 4 种方案，分别将由气象观测获得数据、机场探空数据、ETA 模式业务输出数据和 MM5 模拟数据分别为扩散模式 AERMOD 提供所需的气象场，进行示踪模拟试验，结果发现由综合气象数值预报模式（例如 ETA 模式和 MM5 模式）提供的气象场要好于直接由观测获取的数据进行插值而得到的气象场。何光碧等利用 ETA 模式对发生在四川盆地西北部的一次暴雨过程进行了数值模拟试验，结果表明 ETA 模式对此过程系统移动、降水强度和落区有较好的预报。在此暴雨过程中，高原低涡对暴雨强度、范围影响很大，高原地形对暴雨落区关系密切，河套小高压的存在有利降水加强。[②] Vukmirovi 等利用 ETA 模式进行轨迹分析，对科索沃战争期间大面积的工业源泄漏造成的区域性污染进行了研究。王雪梅等利用 Eta 模式和中-β 气象预报模式对两大环流型下广州流场进行了模拟研究，研究结果表明影响广州地区的局地环流主要有三类：辐合气流型、辐散气流型和热岛型。[③]

2.3.3 ARPS

由美国 Oklahoma 大学的风暴预报中心在美国国家科学基金会和联邦航空管理局联合资助下开发的 ARPS 气象模式，是非静力平衡的三维动力学气象预报模式，其适用范围较广。该模式使用追随地形的坐标系统，在垂直方向上采用可变格局模式，在较高的模式分辨率下，完整的动力学和热力学方程组和精细的地形特征使得该模式在气象模拟领域尤其是稳定天气形势下的应用处在世界领先水平。[④]

苏州市环科所采用 ARPS 模式模拟了沙环厂址的静风条件，实现了在现场测试条件有限的情况下，对厂址静风条件下的海陆风环流的综合模拟分析。孙兰涛等以 ARPS 中尺度大气模式的边界层模块为基础，发展了一个高分辨率的大气边界层模式，并将其嵌套于中尺度大气模式 MM5，利用 MM5 的积分结果作为运行边界层模式的初值和边界强迫外参数，该模式与 MM5 模式嵌套能得到更高分辨率的大气边界层的气象要素和参数的预报结

① 安兴琴，安俊岭，吕世华，等. 复杂地形城市 SO_2 扩散特征的模拟研究[J]. 城市环境与城市生态，2005, 18（3）：23-26.
② 何光碧，肖玉华，等. "9.18" 川西北暴雨过程的数值预报与试验[J]. 气象，2002, 28（8）：17-21.
③ 王雪梅. 广州地区局地环流的数值模拟[J]. 高原气象，2003, 22（2）：197-201.
④ 余文卓，顾钧. ARPS 气象模式在静风条件下的模拟应用[J]. 苏州大学学报：自然科学版，2000, 16（2）：80-106；游春华，蔡旭晖，宋宇，等. 京津地区夏季大气局地环流背景研究[J]. 北京大学学报：自然科学版，2006, 42（6）：779-783.

果，可提供高分辨率海洋模式的大气强迫或与其耦合，从而弥补目前大气模式和海洋模式的分辨率相差太大的不足。[①] 王宝民等采用改进的 ARPS 动力模式模拟城市街谷流场，应用动力和能量平衡耦合模式模拟街谷温度场日变化过程，结果表明该模式系统可用于城市街谷和建筑群风环境和热力环境的研究，也可用于对街谷中空气污染物进行高分辨率传输和扩散的计算。[②] 总的来说，ARPS 为当前国内外应用较为广泛的中尺度数值模式，其模式本身的完善程度及所考虑物理过程的全面性，使其成为当前最为成功的中尺度数值模式之一。ARPS 能达到较高的模式分辨率，并具有较高的可信度。其非静力平衡特征更能反映小尺度的气象信息，小于 10 km 的尺度上具有更明显的优势及可信度，特别适合小尺度的气象模拟。

2.3.4　GRAPES

GRAPES（Global and Regional Assimilation and PrEdiction System）是一个以多尺度通用动力模式为核心的、以统一软件编程标准为平台的新一代数值预报模式系统。该模式不仅采用了多尺度统一模式的设计思想，在模式软件设计上也采用了模块化、标准化等现代软件设计思想，目的是使 GRAPES 的研究开发能够吸纳国内外数值预报的优秀成果，方便科学家开展联合工作和交流。

GRAPES 模式是采用半隐式半拉格朗日方案的有限区/全球统一模式，作为一个大型数值预报软件，GRAPES 模式的开发体现了软件工程的工作模式。以往模式的软件结构互不相同，甚至同一模式内部也同时存在多种不同的编程风格、使用不同的接口协议，使得各模式之间的成果很难交流，阻碍了模式的发展。为实现 GRAPES 模式软件系统标准化、模块化和软件开发的可靠性、可用性和可扩展性，为软件开发的控制和管理提供保障，缩短软件开发周期，减少程序错误，提高模式可读性和可移植性，为 GRAPES 数值预报系统的可持续发展奠定基础，GRAPES 程序系统在开发初期即完成了《中国气象数值预报创新软件编程标准》的编写，并严格按照《编程标准》的要求，完成 GRAPES 软件系统各阶段的任务。在 GRAPES 系统软件编写过程中，注意保持程序良好的编程格式和程序结构，并严格遵循软件包编写"可插拔"的思想，保证软件包的独立性。为此，GRAPES 模式对原来的软件结构进行适当的调整，采用与 WRF 模式共用的软件框架，使得 GRAPES 模式可以方便地与 WRF 模式交流，并大大加快了 GRAPES 模式的软件开发。可以说，先进的动力框架内核、标准化的程序设计，再加上良好的软件实现方法，保证了 GRAPES 模式能够实现最初的设计目标。

江晓燕等应用 GRAPES 模式对北京市一次大气重污染事件中的典型城市热岛过程进行了模拟分析，模拟结果显示 GRAPES 模式成功模拟此次热岛过程中城区和郊区近地面温度的日变化趋势，城市下垫面反照率的变化对城市热岛的发展非常重要，减小城市反照率 0.03 会使得城市热岛强度增强 0.8℃左右，城区的辐合加重，有利于城市热岛的发展。[③] 王宏等基于 GRAPES 的中尺度预报模式 GRAPES_meso 和中国气象科学研究院大气成分中心开发的大气化学模块 CUACE/dust，建立了中国沙尘天气预报系统

① 孙兰涛，宋宇，张蕴斐，等. 一个嵌套于 MM5 的高分辨率大气边界层模式[J]. 海洋预报，2005，22：95-105.
② 王宝民，孙向明，刘辉志，等. 二维街谷热力动力场数值模拟[J]. 北京大学学报（自然科学版），2004，40（5）：774-780.
③ 江晓燕，张朝林，高华，等. 城市下垫面反照率变化对北京市热岛过程的影响[J]. 气象学报，2007，65（2）：301-307.

GRAPES-CUACE/Dust。该系统引入了中国地区最新的土地沙漠化资料、中国沙漠沙尘气溶胶的光学特性资料、逐日变化的上壤湿度和雪盖资料。对实时预报结果与地面天气观测和臭氧分光计反演的气溶胶指数（TOMS AI）的对比分析表明：该模式能够比较准确地预报中国以及东亚地区沙尘天气发生、发展、输送以及消亡过程，能够对起沙量、干沉降量、湿沉降量、沙尘浓度以及沙尘光学厚度等一系列要素进行实时定量预报。[①]

2.3.5 MM5

MM5（Fifth-Generation NCAR/Penn State Mesoscale Model）是美国宾夕法尼亚大学（PSU）和美国国家气象中心（NCAR）联合开发的有限区域中尺度数值模式。模式具有非静力平衡机制，并采用地形追随（Terrain-Following）的 Sigma 坐标系。该模式其对中尺度以及区域尺度的大气环流的模拟及预报具有较好的效果，因此在国内外得到较长时间的广泛研究及应用。目前 MM5 已被应用于各种中尺度天气系统的研究、实时预报、中尺度集成预报、区域气候预报、航空航海的天气条件保障、模拟产生军事训练和分析的协同环境、空气质量和大气化学研究中。我国许多气象部门甚至将它业务运行。目前已停止更新。

北京大学将中尺度气象模式 MM5 应用于估算 VOC 天然源排放的研究，建立了高时空分辨率 VOC 天然源排放清单的估算方法，确定了我国部分树木排放异戊二烯和萜烯的标准排放因子、各植被类型排放各种 VOC 的标准排放因子以及各植被类型季节平均的叶生物量密度，并应用该方法估算了华南地区满足区域空气质量数值模拟要求的高时空分辨率 VOC 天然源排放清单。[②] 南京大学将气象模式（中尺度气象模式 MM5 及城市大气边界层模式 CBLM）和大气污染物输送扩散化学模式耦合组成一个城市空气质量数值预报模式系统，并将该系统应用于南京市，试预报结果同监测结果较为一致，模式在该地区具有较好的模拟性能。[③] 江学顶和夏北成等以广州为中心的珠江三角洲城市群为例，研究了城市群热环境空间格局的日变化特征，并采用遥感反演和 MM5 模拟的结果研究城市热力景观及其日变化规律，结果表明该区域热岛具有多中心的特征，两种方法得到的热岛空间分布特征一致，其精度均较高，但遥感反演结果更为细致。[④] 北京工业大学利用 MM5 为空气质量模式提供气象场模拟发现了华北地区的区域性污染特征，并定量分析了周边各省市对北京市空气污染的影响。

2.3.6 WRF

WRF（Weather Research and Forecasting model）模式是由美国 NOAA、NCEP、Air Force 等联合开发的下一代多尺度数值预报模式。该模式是在中尺度模式 MM5 的基础上发展而来的，其主要目标是较为准确地模拟 1～10 km 的中小尺度大气科学研究以及业务预报模拟，WRF 模式是 Models-3 今后用来替代 MM5 的气象预报模式。WRF 具有良好的计算架

① 王宏，龚山陵，张红亮，等. 新一代沙土天气预报系统 GRAPES_CUACE/Dust：模式建立检验和数值模拟[J]. 科学通报，2009，54（24）：3878-3891.

② 胡泳涛，张远航，谢绍东，等. 区域高时空分辨率 VOC 天然源排放清单的建立[J]. 环境科学，2001，22（6）：1-6.

③ 房小怡，蒋维楣，吴涧，等. 城市空气质量数值预报模式系统及其应用[J]. 环境科学学报，2004，（1）.

④ 江学顶，夏北成，郭添，等. 数值模拟与遥感反演的广州城市热岛空间格局比较[J]. 中山大学学报（自然科学版），2006，45（6）：116-120.

构及全面的物理参数化方案，它的研制是为了给理想化的动力学研究、全物理过程的天气预报、空气质量预报以及区域气候模拟提供一个公用的模式框架。WRF 模式是一个完全可压非静力模式，采用 Arakawa C 格点，垂直坐标采用质量坐标。研究表明，WRF 模拟计算得到的气压、温度等物理参数的计算与观测值十分接近，风速、风向在中小尺度也比MM5 的准确度有了一定提高。

　　WRF 的主要优势在于不断更新的各种参数化方案，以适应不同条件的模拟研究以及中小尺度的模拟。几乎每一个 WRF 新版本都加入了新的辐射、云物理、边界层等参数化方案，使 WRF 模式得到更为广泛的应用，并提高了不同条件下的准确程度。从 WRF3.1开始，加入了 MODIS 卫星遥感得到的 20 种地形利用条件（Noah LSM），分辨率为 1 km。此外，使用者可以自己修改地形文件，将各种尺度的高程地形以二进制的形式加入 WRF模拟，提高了中小尺度的模拟效果。

　　WRF 的数据同化模块-WRFDA 是基于统计的数据同化系统，地面气象观测资料、卫星得到的地表反射率等资料，与上时段的模拟结果进行四维变分同化，订正模式的边界条件以及初试条件，大大提高了模拟结果的精确性和准确性，是目前最为理想的中尺度模式之一。

　　Amit P Kesarkar 等通过 WRF 模式与大气污染物扩散模式 AERMOD 的耦合，研究了印度 Pune 地区的 PM_{10} 扩散问题，利用 WRF 模式为 AERMOD 提供行星边界层高度等一些关键的大气边界层参数，[①] 比较而言，WRF 可以为 AERMOD 模式提供可靠的气象输入参数，验证了 WRF 对边界层模拟的可靠性。陈炯和王建捷使用 WRF 中尺度数值模式，以2004 年 7 月 1 日 8 时至 7 月 4 日 20 时（北京时间）为例，比较了两种不同的边界层参数化方案（MYJ、YSU）以及 3 种陆面参数化方案（SLAB、Noah、RUC）对北京地区夏季边界层结构近地面层风场、温度场以及边界层的日变化特征的影响。[②] 分析发现，WRF模式基本模拟出了北京夏季边界层的日变化特征，在边界层方案中，MYJ 方案描述的边界层结构较 YSU 方案合理，Noah 陆面模式较好地反映了城市的热岛效应。邓雪娇等基于WRF 中尺度气象模式分析了深圳地区 2003—2004 年发生的 6 个典型污染过程，表明深圳地区的空气污染过程主要受副热带高压、热带气旋及变性冷高压脊的影响，利用 HYSPLIT模式模拟的气流轨迹分析说明珠江三角洲上游地区的污染对深圳地区存在影响，而当深圳处于海上气团控制时，空气质量较好。[③]

　　综上所述，中尺度气象模式是现代气象科学中发展迅速的一个重要分支，随着近年来计算机技术的迅速发展，中尺度数值模式已日趋成熟，成为中尺度气象的一个重要的研究和应用手段，受到预测、航空航海、环保、军事等部门的重视。在空气质量研究领域，由于空气质量模拟系统模拟的准确程度在很大程度上取决于气象场模拟结果，选择合适的气象模式与空气质量模式匹配显得尤为重要。目前主流的各种气象模式各有其优势，根据具体的研究问题和研究区域的地形、气候、日变化等特征选择适当的模式和参数化、格距、嵌套方式等模拟方案，配合地面气象、雷达以及卫星观测数据进行同化，是应用数值模拟

① Amit P K，Mohit D，Akshara K，et al.. Coupling of the Weather Research and Forecasting Model with AERMOD for pollutant dispersion modeling． A case study for PM_{10} dispersion over Pune，India[J]. Atmospheric Environment，2007（41）：1976-1988.

② 陈炯，王建捷. 边界层参数化方案对降水预报的影响[J]. 应用气象学报，2006，17（增刊 1）：11-17.

③ 邓雪娇，黄健，吴兑，等. 深圳地区典型大气污染过程分析[J]. 中国环境科学，2006，26（S1）：7-11.

探索区域大气污染规律的有效方法。

2.4 空气质量预报方法研究现状

2.4.1 统计预报方法

统计预报是在对长期大量的污染浓度资料和气象资料进行统计分析的基础上，建立具有一定可信度的预报方程。这种方法用来制作空气污染浓度预报。采用逐步回归、多元方程、多层递阶预报等方法，求出预报方程的数学模型。这种方法的主要特点是从初始条件下的各种气象要素场及物理量场中选择预报因子。统计预报模式是在不了解事物变化机理的情况下，通过分析事物规律来进行预测的方法，空气污染统计预报是不依据物理、化学及生物过程的预报方法，需要多年同时间的气象与污染物浓度分布资料，分析多年的天气变化规律，找出若干种天气类型，然后分析各种天气类型的典型参数，将这些参数与相应的环境质量实测数据建立起各种定量和半定量关系。这些关系可以是线性也可以是非线性的；它们可以是有量纲的组合，也可以是无量纲的组合。最后根据这些关系制作定量和半定量的空气污染预报。如果统计方程建立前后，大气污染源的时空分布没有太大变化，统计预报的效果较好。

统计模式是建立数值定量预报模式之前的常用方法，包括多元线性回归法、动态逐步回归法、时间序列分析方法和智能计算方法。

（1）多元线性回归

建立污染物浓度的影响因子与污染物浓度的多元线性回归模型，进行污染预报。根据不同研究区域的具体气象条件特点，选取高低空风速、相对湿度（或日平均变湿）、日最低气温、降水、日平均气压等作为预报因子。利用目标区域空气质量数据，将其中各种污染物的污染浓度资料和对应的气象要素建立多元回归统计预报方程。根据目标区域地理条件、气候特点及各种污染物的年、季分布特性，对不同污染物 SO_2、NO_2、PM_{10}、CO 分别建立不同的污染指数预报方程。一般国内外相关研究中对空气污染物建立多元回归方程时，对 SO_2、CO 按采暖季、非采暖季分别建立，对 NO_2、PM_{10} 按春、夏、秋、冬 4 季分别建立。[①]

鲁艳春等选取了河南省漯河市环境监测站实测风速、风向权值和相对湿度为建立空气质量预报方程的参数，将各测点 SO_2 污染物浓度与此三项气象参数作相关性分析，最后建立了多元线性方程，预报准确率达 70%。[②] 董蕙青等利用污染物浓度月平均值和同期南宁市气象资料，对污染物（包括 PM_{10}）浓度日（月）平均值与地面气象因素（气压、气温、最高气温、最低气温、降雨量、风速、水汽压、相对湿度、零厘米地温、最高地温、最低地温等）日（月）平均值进行相关分析，建立气象因素与 PM_{10} 浓度的多元回归方程，对包括 PM_{10} 在内的空气污染物进行预报。[③] 谢敏等采用 2007 年 1 月及 2 月的逐小时气象参数及空气污染物 PM_{10} 的实时浓度作为监测数据，将包括太阳辐射强度、雨量、风速、风

① 崔泽海，罗孝昌，等. 环境监测常用数理统计方法[M]. 成都：四川科学技术出版社，1983.
② 鲁艳春，贺金锋，高桂清. 多元线性回归法预报漯河市市区 SO_2 浓度初探[J]. 平顶山工学院学报，2006，15（5）：36-39.
③ 董蕙青，郑永骏，黄海洪. 广西城市空气质量预报技术[J]. 气象科技，2002，30（6）：349-352.

向、气压、湿度、气温在内的 7 项气象因素作为自变量，PM_{10} 污染物浓度为因变量，用监测数据的小时均值多元线性回归。回归得到的负相关系数达 0.78 以上，且全部负相关系数的 P 值均小于 0.001，即相关性显著。[①] 魏杰等以福州市气象部门三级站常规的地面气象要素作为基础，应用多元回归分析法，建立福州市城区空气质量动态的预报模式。筛选出的气象因子有：温度类参量、气压、风速、大气稳定度、能见度、24 h 变温和变压，并发现当有天气系统移动影响本地时，预报因子不确定度加大，预报准确性相对较低。另外指出，由于统计回归分析是基于污染源强随时间没有显著的系统改变假设而做出的，因此，要根据季节、天气形势以及局地污染的变化，对预报方程的因子进行人工分析判断加权，做出综合预报，其研究结果的等级预报准确率可达 73.4%，API 分指数预报准确率可达 54.2%。[②] 李四清等以石河子气象站所对应时间的气象资料，对主要污染物二氧化硫、二氧化氮、可吸入颗粒物的浓度分步特征进行分析，确定相关性好的气象因子，做出多元线性回归方程。在卫星计算机上输入第二天气象因子的预报值，计算出第二天二氧化硫、二氧化氮、可吸入颗粒物预报值，做出空气质量监测预报，可吸入颗粒物预报误差率为 44%。[③]

　　（2）动态逐步回归

　　除了多元线性回归方法，国内外相关研究常用的还有逐步回归方法，即不使用固定相关因子的多元回归来建立回归方程组，预报未来污染物浓度的增量。当对显著的多元线性回归方程中各个偏回归系数进行显著性检验都为显著时，说明各个自变量对因变量的单纯影响都是显著的。若有一个或几个偏回归系数经显著性检验为不显著时，说明其对应的自变量对因变量的作用或影响不显著，或者说这些自变量在回归方程中是不重要的，此时应该从回归方程中剔除一个不显著的偏回归系数对应的自变量，重新建立多元线性回归方程，再对新的多元线性回归方程或多元线性回归关系以及各个新的偏回归系数进行显著性检验，直至多元线性回归方程显著，并且各个偏回归系数都显著为止，这种方法即为后向选择法。与此对应的前向选择法，即回归方程中的回归系数从无到有、从少到多逐个引入回归方程。动态逐步回归法的思想是：先按前进法引入自变量，再按后退法对方程中的自变量进行回归系数的显著性偏 F 检验，将最不显著的变量剔除。直至既无显著的自变量选入回归方程，也无不显著自变量从回归方程中剔除。当多元线性回归方程显著，且各个偏回归系数都显著时，逐步回归法能够保证最终确定的方程是显著的，且方程的每个自变量对因变量的线性影响也是显著的，此时，该多元线性回归方程即为逐步回归方程。

　　吴嘉荣应用泉州市监测站风向、风速、云量、降水、相对湿度、气温、气压、变温、变压、日照等数据以及前一日的污染物浓度作为预报的污染因子，进行逐步回归计算，建立出的方程为按季节的不同污染物日均预报方程，即每种污染物有 4 个季节的预报方程。预报方程预报的 API 准确率为 56.67%。[④] 周丽等采用统计相关模型来揭示观测时段的气象条件对 $PM_{2.5}$ 粒子浓度的影响，其采用的 $PM_{2.5}$ 粒子浓度为 24 h 连续观察值。对气象因素（风速、气压、温度、湿度）进行综合相关逐步回归分析及拟合，发现风速和气压可以

① 谢敏，蔡铭，余志，等. 广州市主干道附近大气污染物浓度的特征及影响因素研究[J]. 环境科学与管理，2008，33（3）：63-65，149.

② 余华. 福州市城市空气质量预报方法研究[J]. 中国西部科技，2005，（6）：30-31.

③ 李四清，张向东. 气象因子与空气质量监测预报的关系[J]. 现代农业科技，2007，（16）：233-236.

④ 吴嘉荣. 用线性回归法建立城市环境空气质量预报模式[J]. 引进与咨询，2005，（12）：27-28.

较好地预报出 PM$_{2.5}$ 浓度的变化趋势。[1] 张建磊对各监测站采集的数据以及同步的气象数据进行逐步回归分析，建立石家庄市各监测点主要污染物的逐步回归方程，预报时按季节先计算各点的预报值，再作算术平均即为最后的预报结果，建立出的方程为按季节的不同污染物日均预报方程，PM$_{10}$ 预报方程的相关系数为 0.627，相对误差为 11.8%。[2]

（3）时间序列分析

利用污染物浓度的时间演变规律建立预报方程的方法称为时间序列模式。污染物监测结果可视为一个监测值系列，这种模式仅依赖当天和前一天的监测结果预报未来的污染物浓度。当天监测结果的权重比前一天的更大。如监测趋势由高变低，预报结果就会偏高；否则，就会偏低。这表明时间序列模式用于预报即将来临的超标情况是不成功的。常见的模型有自回归模型、滑动平均模型、均生函数模型、卡尔曼滤波模型与维纳滤波模型。

柴微涛等采用时间序列分析方法，对空气污染指数建立自回归滑动平均模型模拟实测的空气污染指数，并对模拟结果进行了检验，均方根误差（RMSE）的结果为 0.033 6，接近于 0。[3] 其研究结果表明成都市空气污染状况具有夏季较好、其他季节较差的季节性变化规律。李天宇等应用大量的降尘数据对煤尘污染的长期趋势进行分析，应用滑动平均模型对煤尘污染状况做出预测，其研究结果表明，煤尘污染无论是长期趋势还是季节变动都有其自身的特点，并有很强的规律性。[4] 黄磊等根据青岛市大气污染监测资料，采用时间序列分析方法消除了序列的季节变化趋势，建立多种预报模型，包括原序列周期外延法、均生函数周期外延法、均生函数逐步回归法以及自回归预报法等，最后采用权重综合技术提出一种综合预报模型，对春夏秋三季的预报准确率为 72%，冬季的预报准确率为 61%。[5]

（4）非线性回归

过去的大量研究中，一般把污染物浓度与天气要素之间的相关关系看做线性关系，国内外也有部分研究，主要探讨污染物浓度与天气要素之间的非线性关系，并取得了一定的进展。

周江兴利用 1999 年 11 月至 2003 年 7 月间，北京市几种主要污染物 SO$_2$、NO$_2$ 及 PM$_{10}$ 浓度逐日资料和风速、温度及降水的逐日资料，分别对北京市几种主要污染物浓度与同期气象要素之间的关系进行了分析。用非线性回归方程来研究北京市 3 种主要污染物 SO$_2$、NO$_2$ 及 PM$_{10}$ 浓度与气象要素（温度、降水及风速）之间的相关关系，并分别讨论 3 种主要污染物浓度与天气要素之间的关系在线性和非线性假定下的相关程度。[6] 周江兴的研究发现，污染物浓度与同期气象要素之间通常存在明显的非线性关系，这说明污染物的产生、传输、扩散和化学衰变过程是一个非常复杂的过程，它导致污染物浓度与气象要素之间的关系具有明显的非线性特征，采用非线性性回归方程来描述污染物浓度与气象要素之间的依赖关系，可以提高污染物浓度与气象要素之间的相关性，同时使回归方程的误差减小。但周江兴的研究表明 SO$_2$ 周平均浓度与平均风速、温度及降水存在较好的相关性，复相关

[1] 周丽，徐祥德，丁国安，等. 北京地区气溶胶 PM$_{2.5}$ 粒子浓度的相关因子及其估算模型[J]. 气象学报，2003，61（6）：761-768.
[2] 张建磊，蔡鹤生. 石家庄市大气主要污染物的统计预报[J]. 安全与环境工程，2003，10（4）：22-24.
[3] 柴微涛，宋述军，宋学鸿. 成都市城区空气污染指数的时间序列分析[J]. 成都理工大学学报：自然科学版，2007，34（4）：485-488.
[4] 李天宇，毕经宝. 时间序列在秦皇岛港煤尘污染分析中的应用[J]. 交通环保，2003，24（4）：22-23.
[5] 黄磊，王赐震，王建华，等. 青岛市大气污染时间序列分析预报方法研究[J]. 青岛海洋大学学报，2001，31（1）：14-20.
[6] 周江兴. 北京市几种主要污染物浓度与气象要素的相关分析[J]. 应用气象学报，2005，16（S1）：123-127.

系数可达 0.94，而对 NO_2 及 PM_{10} 来说，复相关系数为 0.66 和 0.54。张艳昆等对 2007 年 11 月北京南郊观象台的 PM_{10} 质量浓度资料、地面气象自动站资料和常规无线电探空资料进行了分析，发现 PM_{10} 质量浓度与地面至 450 m 层的总体理查逊数存在显著的对数形式的非线性关系，判定系数 R^2 达 0.42。[①] Aldrin 等提出的非线性模型量化了气象因素与交通流量对空气污染水平（尤其是粒径较大颗粒物，如 PM_{10}、$PM_{2.5}$～PM_{10}）的影响，其中重要的预测变量是交通流量与风，再次是相对湿度，而温度、沉淀作用及下雪覆盖则不是重要的影响因素。[②]

（5）投影寻踪自回归

传统的统计预测方法，不足之处是始终未能摆脱"假定—模拟—预报"思想的束缚，难以适应非正态、非线性分布的客观数据的内在规律。而环境监测数据多数具有非正态和非线性分布的特征。自 20 世纪 70 年代中期起，国际统计界发展了一种投影寻踪高新技术（简称 PP），特点为对数据结构或特征不作任何假定，而通过直观审视和分析数据，应用计算机软件程序设计，找出数据的结构、特征或模型，从而为时序分析开辟一条"审视数据—模拟—预报"的探索性数据分析方法新途径（简称 EDA）。该种方法常被应用于气象、水文、系统工程、化工配料和国民经济统计等诸多领域。

李诈泳等应用 K 阶投影寻踪自回归模型[PPAR（K）]建立大气污染物浓度预测模型，对成都市 1982—1987 年的 SO_2 及 NO_x 浓度进行了计算机拟合检验，若以相对误差$|R|\leqslant 20\%$ 为合格，模型的拟合检验合格率可达 100%。[③]

（6）以人工神经网络方法为代表的智能计算方法

针对一般的统计预报模型对于污染源实时变化的反应机动性较差，且多为仅仅捕捉预报因子与预报对象间的线性关系的弱点，现在众多研究人员都把目光集中于能够对传统统计模型进行自适应学习功能的改进上，即所谓的智能计算方法，这其中就包括信息网络技术中的人工神经网络和演化算法。人工神经网络的最大优点是可以捕捉非线性关系，且可以充分利用目前掌握的数据资源进行驯化建模；演化算法因其随机优化和搜索的数学本质，同样具有学习和优化的素质。目前基于演化算法的空气污染预报研究较少，而基于人工神经网络的空气污染预报的国内外研究较多。

神经网络的全称是人工神经网络（artificial neural network，ANN），是在现代神经生物学研究成果的基础上发展起来的一种模拟人脑信息处理机制的网络系统，它不但具有处理数值数据的一般计算能力，而且还具有处理知识的思维、学习和记忆能力。人工神经网络预测模型程序起源于 20 世纪 40 年代，因其具有大规模并行、分布式存储和处理、自组织、自适应和自学习能力，特别适合处理需要同时考虑许多因素和条件不精确与模糊的信息处理问题，在人工智能、自动控制、计算机科学、信息处理、机器人、模式识别、CAD/CAM 等方面都有重大的应用实例。[④] 近年来，人工神经网络在环境科学领域得到了广泛的应用。[⑤]

① 张艳昆，刘树华，李炬，等. 北京 PM_{10} 质量浓度与总体理查逊数的关系[J]. 北京大学学报：自然科学版，2009，（3）：93-99.
② Aldrin M，Haff I H. Generalised additive modelling of air pollution，traffic volume and meteorology[J]. Atmospheric Environment，2005，（39）：2145-2155.
③ 李诈泳，邓新民. 大气污染物浓度的投影寻踪自回归预测[J]. 大气污染防治，1997，16（7）：17-19.
④ 董长虹. Matlab 神经网络与应用[M]. 北京：国防工业出版社，2005.
⑤ 钟洛，饶文碧，邹承明. 人工神经网络及其融合应用技术[M]. 北京：科学出版社，2007.

人工神经网络至今已开发出了线性神经网络、Hopfield 网络、误差反向传播（BP）网络、对向传播网络（CPN）、Kohonen 网络、径向基函数（RBF）网络、自组织映射（SOM）模型、双向联想记忆器（BAM）、回归（Elman）网络等 30 多种典型的模型。

如前所述，国内外有部分研究，主要探讨污染物浓度与天气要素之间的非线性关系，有些研究探讨应用人工神经网络解决污染物浓度与天气要素之间的非线性关系。马雁军等用 BP 神经网络建立了 TSP 和 NO_x 浓度预报模型，其中 TSP 的预报值与观测值之间的绝对误差为 $0.004\sim0.03 \text{ mg/m}^3$，$NO_x$ 的预报值与观测值之间的绝对误差为 $0.005\sim0.02 \text{ mg/m}^3$。[①] 刘罡等在国内首次将 RBF 神经网络用于 CO、NO_x、O_3 浓度的预报，网络预报值和实测值符合较好。[②] 李少华等利用 RBF 网络，根据空气污染物含量与气象要素的关系建立了空气污染物浓度小时预测的神经网络模型，并与 BP 网络的预报结果进行了分析和比较，结果表明，RBF 具有更好的预报结果，并且计算简单、实用、可行。[③] 吕元锋等用 RBF 神经网络建立了 SO_2 浓度预测模型，通过优化训练提高了训练可靠性，并对芜湖市空气中 SO_2 浓度进行了预测。[④] 王兰霞选用 RBF 神经网络分采暖季和非采暖季建立西安市 PM_{10} 浓度预测模型，选用了 RBF 中的正交最小二乘法和最近邻聚类法，平均准确率可达 70%以上。[⑤]

（7）MOS 方法

MOS 方法，即模式输出统计方法，是利用数值预报成果做天气要素预报的一种方法。由于近年来数值预报模式的不断完善，对天气形势场的预报准确率不断提高，这一种方法逐渐成为许多国家做日常短、中期天气要素预报的主要方法。目前大多数的 MOS 方法预报，是以模式输出统计量作为因子，利用逐步回归的统计方法，建立对预报量的统计预报方程。[⑥] 众所周知，建立效果好的、稳定的统计预报方程，因子选择是十分重要的，可以按不同季节分别确定要素的预报因子。因为无论大、中、小台站均作为一个 MOS 模式预报中来考虑，除了由此增加许多预报量，使计算增加困难外，还由于预报量增加过程加进其他随机因素，减少预报方程的稳定性和预报效率。而且在大形势大范围的预报模式中，对于小台站或县站的预报，要通过补充订正的方法才能和大范围的 MOS 预报相结合。例如 Walts 等把大范围 MOS 预报发布的合站称为 MOS 站，而把没有考虑到的那些小台站称为非 MOS 站。在美国西部山区，这种非 MOS 站相距 50 英里的距离内，温差可达 30℉（在同一气团下）。他们认为这种由于局地地形影响天气要素差别的情况，只能通过补充订正方法来做 MOS 预报。他们利用非线性回归方程建立非 MOS 站与 MOS 站之间的统计关系。他们对美国 17 个非 MOS 站用 1951—1970 年期间的逐日资料，建立以 MOS 站为因子的最高、最低气温的非线性回归方程，并做出有效的预报。实际上，这也是一种完全预报与MOS 预报方法相结合的例子。

2.4.2　数值预报方法

城市空气污染数值模式通过一套复杂的偏微分方程组描述污染物在大气中的各种过

---

① 马雁军，杨洪斌，张云海. BP 神经网络法在大气污染预报中的应用研究[J]. 气象，2001，29（7）：49-52.

② 刘罡，李昕，胡非. 大气污染物浓度的神经网络预报[J]. 环境科学研究，2002，15（5）：62-64.

③ 李少华，董向元，于静梅. 基于神经网络的大气污染预报方法的研究[J]. 东北电力学院学报，2004，23（4）：1-4.

④ 吕元锋，田丽，杭孟荀，等. 基于 RBF 神经网络的 SO_2 的预测[J]. 测控技术，2005，24（5）：67-69.

⑤ 王兰霞. 基于 RBF 神经网络的 PM_{10} 污染预测研究[D]. 西安：西安建筑科技大学，2008.

⑥ 张占清. MOS 预报中的非线性因子处理[J]. 内蒙古气象，2001（2）：25-27.

程（输送、扩散、迁移、转化等），并利用数值方法进行求解，得到污染物浓度的空间分布及其变化趋势。由于城市大气污染数值预报涉及生物、物理、化学、辐射、动力等多过程的复杂耦合，理论上应在支配地—气—边界层系统基本物理原理的基础上，建立包括大气成分、辐射、动力在内的数学模式，包括各种物理、化学、动力过程的相互作用和反作用，当前对上述过程尚未彻底了解，因此使用了大量的参数化方案，模式性能还依赖于计算能力的提高。

（1）第一代空气质量模式

早期第一代数值模式为半经验模型，如基于质量守恒定律的箱模式、基于湍流扩散统计理论的高斯模式等，此类模式假设气团在运动过程中不与环境空气进行交换，仅考虑扩散过程对污染物的作用，缺乏对污染源和化学反应的描述，因此预报时效较短，预报的污染物种类较少，而且在复杂地形和对流条件下适用性较差。

（2）第二代空气质量模式

第二代空气污染数值模式大多为欧拉型模式，不但可以描述三维气象场作用，而且包括化学反应、干湿沉降等过程，因此广泛应用于城市和区域尺度的空气污染研究，但受到当时计算条件的影响，常用于解决某个具体问题，如 UAM（Urban Airshed Model）和 ROM（Regional Oxidant Model）模式用于 O_3 预报，其中 UAM 是发展时间最长、应用最广的欧拉型城市尺度空气质量模式，共开发了 5 个版本，采用 CB-4 化学机制，水平格距一般 2～10 km，垂直方向可到对流层顶，在欧洲、美国应用于 O_3 的模拟、预测和控制；ROM 由美国 EPA 研制，主要用于区域尺度 O_3 和氧化剂研究，采用 CB-4 化学机制，水平格距 20 km 左右，垂直方向到 5 km，ROM 可为 UAM 提供初始和边界场；又如 RADM（Regional Acid Deposition Model）、ADOM（Acid Deposition and Oxidant Model）等模式用于酸沉降研究，其中 RADM 由 NCAR 和纽约州立大学共同发展，用于研究对流层酸沉降和光化学氧化问题，采用 RADM 化学机制，详细考虑了平流、扩散、化学、干沉降、云和降水等过程，并提出了多种参数化方案，水平格距为 60～100 km，垂直方向可达 16 km，被广泛用于酸沉降模拟、预测以及区域尺度大气环境问题研究。

（3）第三代数值模式

新一代空气污染模式的发展趋势是动力—化学耦合的模式系统，以美国国家环境保护局（EPA）开发的第三代空气质量预报和评估系统 MODELS-3 为代表，它使用一套各个模块相容的大气控制方程，具备更为完善的化学机制和气溶胶模块，不仅可用于日常空气质量预报，而也可为环境工作者进行环境评估和制定环境控制决策提供支持，是理想的大气质量业务系统。MODELS-3 由中尺度气象模式、污染源排放模式和多尺度空气质量模式三部分组成，其核心是多尺度空气质量模式 CMAQ（Community Multiscale Air Quality Model），可进行局地、城市、区域和大陆等多种尺度的污染物模拟和预报研究，在预报方法上加入化学物种和气象要素之间的相互作用，对大气物理和化学过程的描述更加全面细致，预报的污染物种类多达 80 多种，包括 PM 粒子、能见度、O_3、VOC 等，是多污染物、多空间尺度范围、多时间尺度时效的空气质量模式。[①] 目前 MODELS-3 仍在不断地开发

---

① W G BENJEY. User manual for the EPA third-generation air quality modeling system[M]. United States Environmental Protection Agency，1999，EPA/600/R-99/055.

和完善，如增加新的化学机制 SAPRC-97，完善气溶胶模块和云过程作用，与新一代天气业务模式 WRF 相衔接等。

基于第三代数值模式的空气质量预报系统在我国部分地区进行了预报试验，结果表明：尽管上述的各种数值模拟方法对一般的污染级别的空气质量预报得到了较好的效果，但对重污染的预测误差仍然很大，无法较好地预测高浓度污染。

2.4.3　综合预报方法

（1）大气污染综合指数预报法

沈阳市环境监测站吸取了 MOS（模式输出）预报方法的优点，结合我国实际情况增加了部分前期因子，提出了 MOS 统计预报法和最大相关预报法以及综合预报法相结合的大气污染综合指数预报法，三种方法互为补充，保证较高的准确率。[①]

天气模式预报法利用监测的所有站资料计算大气污染综合指数，逐日点在沈阳市地图上，并绘制成污染等值线图，与逐张污染图日期相对应的 8 时地面天气形势图和 850 hPa 空中图，这 3 张图称为一个污染天气模式个例。将所有的污染天气模式个例按不同的污染程度分为清洁型、轻污染型、中污染型、重污染型四大类，各类又按不同的天气形势分型统计出各级污染中各种天气形势出现的次数和频率。预报时，利用日本东京传真气象预报图 FSAS08，根据各种天气形势特点，找出与预报图最相似的天气模式，根据模式对应的污染状况，制作空气污染预报。

①最大相关预报法

预报因子的选择：$X_1 \sim X_4$ 因子是利用日本东京发的地面气象数值预报的形势预报传真图 FSAS08，在该图的 30°N～50°N、110°E～130°E 范围内，以 40°N 为横坐标，120°E 为纵坐标，将此区域分为 4 个象限，在这 4 个象限中，按气压最高的象限编为 1，次高象限编为 2，气压最低的象限编为 4，最后剩下的那个象限编为 3，将已编的数按照从第一象限逆时针旋转到第四象限的顺序排列出来即 4213，或 3241、3112 等，最后这组数说明第二、三象限气压相等且最高，该 4 个码分别算 4 个因子。该组数的物理意义是反映未来 24 h 气压形势。

最大相关预报的制作：制作相关预报时，将已选的 18 个预报因子输入计算机，由计算机与历史资料的每一个样本逐个计算相关系数，最后取相关系数最大的一个样本的综合指数作为预报值。

②MOS 预报法

MOS（Model Output Statistics）预报法是统计数值预报的形势预报及物理量预报与预报量的同时关系，建立预报方程，用数值预报结果，代入方程，做出大气污染指数预报。模式在这里指的是数值预报模式，输出是指数值预报输出的形势预报和物理量预报，统计是指统计预报量和模式输出之间的关系。

③综合预报法

由于影响大气运动的因子繁多，而大气综合指数又是反映 3 种污染物的综合体，加之各种污染物又与不同的气象条件有关，所以预报必须从多方面用多种手段才能取得较理想

---

① 李蕙兰，谢兵. 沈阳市大气污染综合指数预报[J]. 中国环境监测，1997，（6）.

的预报结果，因此采用综合预报法。当最大相关预报法和回归预报法两种结果基本相符时，以相关预报法为主。当两种方法出现矛盾或出现转折性天气时，用天气模式预报法订正相关预报结果。所以三种方法必须取长补短，灵活地综合应用。

（2）CMAQ-MOS 统计修正模型统计—动力相结合的空气质量预报法

CMAQ 对多类污染物不同尺度"面空间"分布及其变化倾向虽具有较强的预报能力，但由于污染源时空特征十分复杂，即模式采用的平均源排放清单难以精细客观描述预报区域污染源强度不同尺度的时空变化，本书对 CMAQ 模式分析的结果表明该模式尚存在类似其他模式污染浓度预报量与实况相比明显偏低的"系统性"误差。

将 CMAQ-MOS 统计—动力相结合的技术新途径，称为 CMAQ-MOS 空气质量预报方法[1]，用回归方法或 Kalman 滤波法建立模式产品和多类预报因子相结合的统计模型[2]。CMAQ-MOS 模型修正了 CMAQ 模式产品源排放清单产生的"系统性"预报偏差，利用试验阶段不同季节 CMAQ 模式产品与观测实况资料，建立 CMAQ-MOS 区域空气质量统计修正预报模型，并采用未参与统计样本的检验方法，评估 CMAQ-MOS 方案预报能力，试验研究结果表明 CMAQ-MOS 方案可显著降低由于污染源影响不确定性产生的模式系统性预报误差。

采用 CMAQ-MOS 统计修正模型统计—动力相结合的空气质量预报新途径，采用区域模式产品与区域测点大气污染浓度平均值，可建立区域尺度 CMAQ 模式统计修正模型，检验结果表明该区域尺度 CMAQ-MOS 统计修正模型可明显提高 CMAQ 模式空气质量区域"面预报"水平。

在大气污染具有同位相变化特征的影响域范围内，利用点—面结合的预报思路，根据空间不同站点污染物的同位相变化特征，可以用一个中心测点的 CMAQ-MOS 产品预报周边区域面上其他预报点的模式产品"再分析"场。

---

① 徐祥德，卞林根，丁国安. 城市大气环境观测工程技术与原理[M]. 北京：气象出版社，2003.
② 张美根，韩志伟. TRACE-P 期间硫酸盐、硝酸盐和铵盐气溶胶的预报研究[J]. 高原气象，2003，（1）.

第3章　研究目标与主要内容

本章以总揽全书结构和主要研究内容为目的，介绍了各个章节的设置、主要研究内容以及各部分内容间的关系，同时简要叙述了研究的重要意义和研究目标。

3.1　研究意义与目标

由于复杂的地形环境、气象条件和污染物排放情况，我国很多地区的污染情况十分严重，高污染地区主要集中在华北和东南沿海等地。其中，由于华北地区地形复杂，有山区、盆地、平原及滨海等多种地表类型，气象条件复杂，局地大气污染因素较多，存在大气污染物跨区输送现象，极易发生区域大气重污染现象。据统计，2002—2010 年华北地区发生近百次大气重污染过程，监测结果表明，在重污染过程发生时段，北京、河北、山西地区部分监测点的 PM_{10} 浓度超标几倍至十几倍。大气颗粒物重污染会严重危害人体的呼吸系统、神经系统和心血管健康，具有致癌、致突变、致残等作用，从而对人体健康造成严重影响。

尽管大气重污染过程发生频繁，对生态环境和人群健康的影响十分严重，但由于大气重污染的形成受天气背景场、地形环境、气象条件、输送汇聚等多种复杂因素的影响，其形成机制仍不明确，因此目前国内外还没有有效的技术方法对重污染过程进行准确的预报。现有的空气质量数值模拟技术和统计方法对 1～3 级空气质量的预测有较高的准确率，但对区域重污染过程的预报误差可高达 400%。现行的预报系统对重污染的预报预警能力也远远低于对 1～3 级空气质量的预报能力。以北京市为例，环境保护部门数据中心每日公布的北京市空气质量预报中，对空气污染指数大于 200 的重污染天气的预报准确率不足40%。

综上所述，目前国内外对区域重污染过程的形成原因与发展变化机制还未研究透彻，对大气重污染过程的预报准确率较低，缺少针对重污染的科学有效、可操作性强的防控管理决策支持。因此在现有研究基础上，对区域重污染过程的发生、发展及消散机制进行深入研究，建立重污染预测预警技术，制订重污染防治技术预案，对于改善环境质量、提高人民健康生活水平具有重要意义。有效的大气重污染过程预测预警技术可以为环境管理部门提供快速的预测和综合分析结果，便于其制订防控预案、采取防治措施，从而减轻由重污染造成的严重损失；科学的重污染形成消散原因及输送汇聚路径研究结果可以为环境管理部门的城市环境规划提出科学明确的控制和管理方案，为改善区域大气环境质量提供重要的科学支撑；以华北地区代表城市为目标区域进行的技术应用示范，可以为城市环境管理、污染控制提供重要的理论基础和科学依据。同时，该项技术的研究与开发也完全符合《国家中长期科技发展规划纲要》中明确提出的大气污染治理、区域大气环境改善工作是重要的支持方向的战略目标。

3.2　主要研究内容

　　本书以区域性重污染时段的 PM_{10} 为核心对象展开相关研究。在充分收集重污染过程与气象要素、天气背景及区域污染源资料的基础上，建立区域相关资料数据库。采用聚类分析、系统分析、统计回归等方法研究确定区域性重污染过程与污染源、天气型和各气象要素的关系，建立区域性重污染过程与天气型多气象要素的关系模型。同时开发区域大气重污染过程诊断识别与预测预警技术，实现大气重污染过程的预测预警。最终依据预测浓度、持续时间和环境保护目标等因素，研究建立对环境危害程度的量化分级与可视化方法，为环境管理部门制定重污染防治预案提供重要决策支持。研究方法总体技术路线如图 3-1所示。

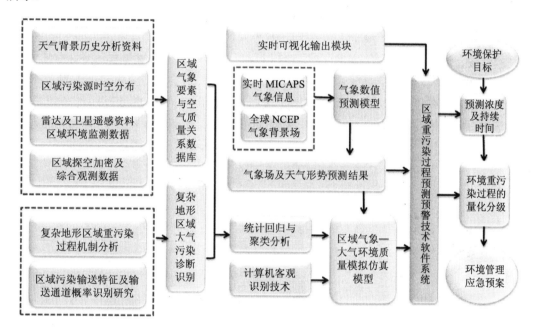

图 3-1　研究技术方法总体路线图

　　几个主要环节的技术方法与研究内容如下：
　　区域气象要素与空气质量数据库建立　收集补充气象台站各气象要素资料、探空站气象资料；收集整理历史天气背景资料，包括海平面气压场、风场、温度场以及高空天气背景资料；整理完善北京与周边区域大气污染源资料；收集整理目标区域的空气质量数据；整理激光雷达观测数据和卫星遥感观测数据等各类大气环境质量相关数据资料，并对上述数据进行标准化处理和数据分析。
　　大气污染物的输送汇聚研究　利用追踪气团轨迹和聚类分析等方法对华北地区常驻性污染物输送通道进行研究，建立常驻性污染物输送通道识别模式，同时根据区域典型污染输送通道的输送强度、持续时间和时空分布特征，实现基于模式结果的输送路径分布的自动诊断，并得出影响华北地区的大气污染物输送、汇聚与区域性大气重污染形成特征。

大气颗粒物化学成分特征及来源分析研究 基于课题组在北京、石家庄、唐山 3 个大气环境监测点进行的典型时段颗粒物采集样品，利用 ICP-MS（电感耦合等离子体质谱仪）、离子色谱、DRI 碳分析仪对颗粒物样品分别进行元素成分分析、离子成分分析和有机碳元素碳分析，得到重污染与非重污染时段的大气颗粒物化学成分特征。同时利用主成分因子分析法识别颗粒物的行业来源及相对贡献率，实现颗粒物的来源分析，为环境管理部门进行污染源控制提供重要支撑。

区域敏感地区的筛选识别研究 在气象流场和污染物输送特征诊断识别的基础上，对重污染时段目标区域敏感的排放区域进行定性识别，通过选取有代表性的目标区域及特征时段，结合三维气象和环境观测信息，利用具备不同特征污染物排放贡献识别功能的环境质量数值模型，研究相同环流背景下不同地区污染源强的敏感性模式识别方法和分析技术，计算北京及近周边地区单位源强排放对目标区域的平均浓度贡献，进行重污染时段区域敏感排放地的区筛选识别定性定量评价。

大气重污染过程预测系统建立 针对重污染级别，在区域气象要素与空气质量数据库中选取适宜的气象要素与数据资料，分别针对不同污染程度、不同天气类型研究空气质量与气象要素之间的关系。利用聚类分析、逻辑判别、逐步回归等模拟仿真和统计分析方法，建立大气重污染预测系统，实现重污染的自动诊断与空气质量的自动化定量预测。并利用重污染预测系统在华北地区的代表城市进行预测效果验证。

本书的主要目的是提供区域重污染过程的研究方法，建立一套集成重污染预测预警系统的技术，在可以收集到各种基础数据的前提下，该方法可以推广应用于我国大部分地区。

第 4 章 基础资料获取与数据处理方法研究

本章主要介绍研究过程中所需的几类重要基础数据资料的收集与处理方法，包括华北地区的多年区域气象资料、天气背景资料、区域污染源排放数据以及环境三维监测数据等。基于对上述数据的标准化处理和数据分析，建立研究所需的三维区域资料数据库，为进行大气污染物输送汇聚特征、重污染过程与气象条件关系研究以及区域敏感地区的识别等研究提供科学有效的基础数据平台。

4.1 区域气象资料收集与处理方法

通过获取 MICAPS 数据、NCEP 数据、项目积累试验数据等途径，收集补充华北、华东等地区的北京、天津、河北、山西、山东、内蒙古等上千个气象台站近十几年的常规气象观测数据（包括温度、风矢量、湿度等几十个气象要素），收集几十个探空站的高空气象资料，同时收集了多次区域大气综合观测过程中积累的探空加密观测资料、风温垂直廓线资料等。北京及周边地区气象站点分布见图 4-1。另外，通过多种途径收集整理了大量历史天气背景资料，包括海平面气压场、风场、温度场，高空 1 000 hPa、850 hPa、700 hPa、500 hPa、300 hPa、200 hPa、100 hPa 的天气背景资料及预报员天气图分析资料等。部分独立气象要素场（海平面气压场、地面风场）资料示意见图 4-2。

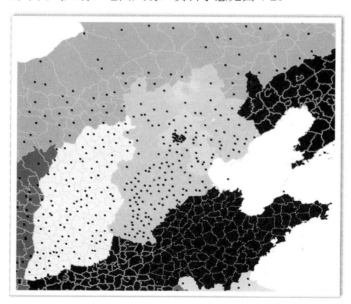

图 4-1 北京及周边区域气象站点分布图

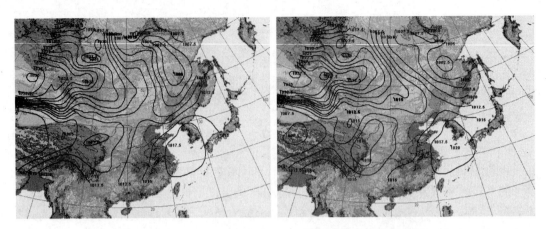

图 4-2　海平面气压场资料示意图（国家气象局 MICAPS 资料）

　　此外，还获取了中国气象局、国家气象信息中心提供的近 60 年中国地面国际交换站气候资料日值数据集、全球高空规定层对流层定时值数据集、全球高空大风层定时值数据集等数据，对上述资料进行了补充修正。另外，研究收集了 700 余个站点近 60 年的降水数据、沙尘暴数据等重要资料，并对该数据进行了核查。

4.2　区域环境三维监测数据收集与处理方法

　　本书通过多种途径收集整理了目标区域近十几年来的空气质量数据。资料主要来自环保部和各地方环保系统公布的大气污染物监测数据。另外，通过与各级环保部门协作沟通，获取了大量污染物小时值数据，为研究的科学性提供了重要保障。

　　我国很多环境研究机构在长期的观测和实验过程中积累了大量的相关数据资料（如温风廓线观测数据、激光雷达观测数据和卫星遥感观测数据等），本书对上述观测和实验过程中积累的资料进行了收集整理，并进行了标准化处理和数据初步分析。激光雷达和温风廓线观测数据见图 4-3、图 4-4、图 4-5。

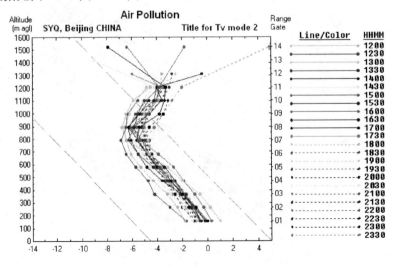

图 4-3　北京市顺义观测站点温廓线图

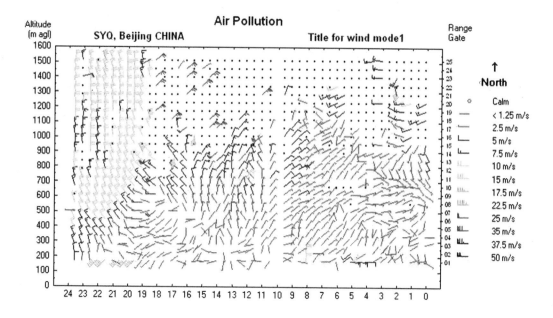

图 4-4　北京市顺义观测站点风廓线图

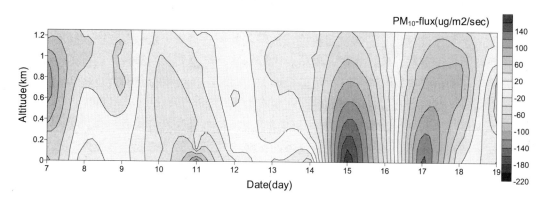

图 4-5　激光雷达观测结果示意图

　　为更好地辨识北京及近周边的区域污染特征，同时为气象模型提供地形与土地利用数据输入，本书收集了部分卫星遥感与土地利用资料。遥感数据主要来自 MODIS 与 LandSat 的卫星影像数据，地形和土地利用数据采用 USGS（美国地质勘探局）的全球 30 s 分辨率的地形资料，见图 4-6。在上述工作的基础上，建立了区域大气环境监测数据的三维资料数据库。

　　另外，为更系统地分析研究大气重污染过程的污染特征，了解掌握大气重污染阶段与正常的一、二和三级天气在空气流场扩散特征、污染物浓度垂直分布的区别，分析重污染时段的污染来源及化学组分特征，在北京、石家庄、唐山设置了大气环境质量监测点，选取典型时段进行了大气颗粒物样品采集，获取了上千个样品，对现有数据进行了必要的补充。

图 4-6　卫星遥感数据反演图片

4.3　区域污染源排放数据收集与处理方法

通过与北京及周边五省市环保部门和统计部门密切合作，采用物料衡算、排污系数经验公式计算、类比调查等各种方法，建立了北京市、天津市、河北省、山西省、山东省部分地区、内蒙古自治区部分地区的高分辨率污染源排放清单，包括了 SO_2、NO_x、TSP、PM_{10}、CO、VOC 和 NH_3 等污染物。

选取两个典型地区进行了大气污染物排放源的拉网式调查，采用专家咨询问卷和企业抽样调查、蒙特卡罗法、环评收集、清单对比等方法，对建立起的源清单进行了不确定性分析，实现从数据收集、数据统计、数据整理、数据转换及数据存储的全过程质量保证和质量控制，确保数据的真实性和可靠性。在现有数据的基础上，进一步整理完善了北京与周边区域大气污染源资料，根据项目的具体需求对所得数据进行标准化处理，并利用 GIS 系统进行了网格化处理，建立了准确、高效的区域大气污染源动态基础数据库。京津冀工业重点源分布如图 4-7 所示，经核查后的部分污染源如图 4-8、图 4-9、图 4-10 所示。

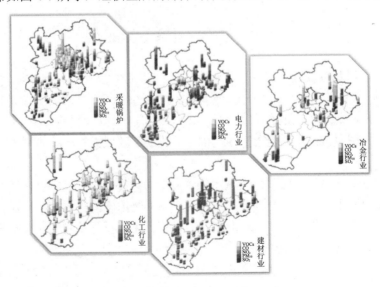

图 4-7　京津冀工业重点源分布（t/a）

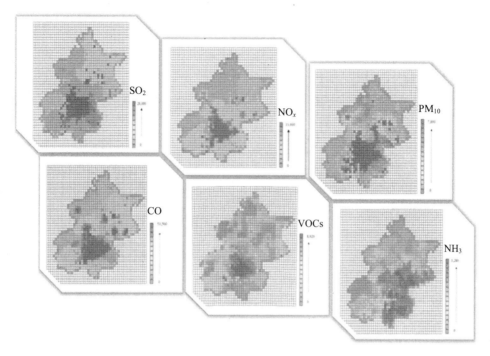

图 4-8　北京市排放空间分布（t/a）

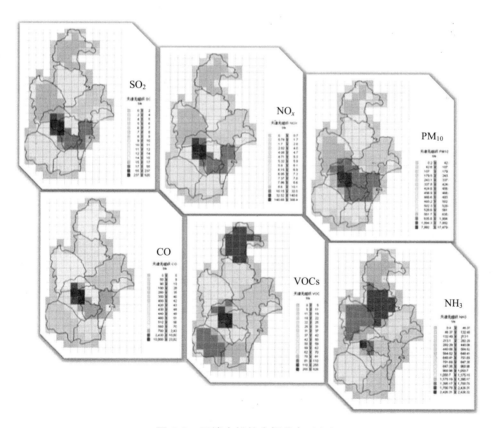

图 4-9　天津市排放空间分布（t/a）

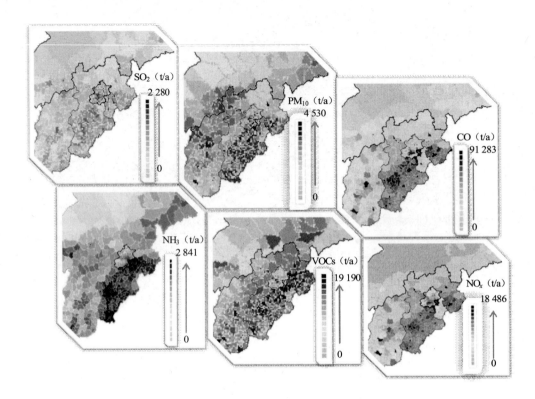

图 4-10　北京及周边地区污染源排放空间分布

第5章 大气颗粒物化学成分特征与来源分析

本章基于大量颗粒物采集样品的测试数据，分析重污染与非重污染时段的颗粒物化学成分特征，研究大气颗粒物来源，确定北京及周边地区颗粒物主要行业贡献以及本地、外来源贡献的定量化研究结果，为重污染天气的预报提供重要的数据支撑。

5.1 大气颗粒物样品采集与分析方法

5.1.1 样品采集

为更系统地分析研究大气重污染过程的污染特征，了解掌握大气重污染阶段与正常的一、二和三级天气在空气流场扩散特征、污染物浓度垂直分布的区别，分析常规时段及重污染时段的污染来源和化学组分特征，在北京、石家庄、唐山设置了大气环境质量监测点，选取典型时段进行了大气颗粒物样品采集，目前已获取三地 4 个代表月典型时段的上千组大气颗粒物采集样品，捕捉到多个中度污染及重度污染过程。

（1）采样地点

大气颗粒物采样点设置如下：

采样点一　唐山市路北区建设北路 45 号。该采样点北临唐山广播电视大学，唐山气象局坐落于采样点的西北方向，该采样点处在以学校、医院、社区为主的区域范围内。

采样点二　北京市海淀区北京师范大学科技楼。该采样点处于校园内，周边交通干道较为拥挤。

采样点三　石家庄市桥东区体育南大街槐岭路 32 号。该采样点处在以商场、商厦为主的商业区。各采样点分布如图 5-1 所示。

（2）采样方法

大气颗粒物采样时间为 2011 年 3—4 月、2011 年 7—8 月、2011 年 10—11 月、2010 年 12 月—2011 年 2 月及 2011 年 12 月—2012 年 1 月，分别作为春、夏、秋、冬四季代表月。采样对象为 PM_{10} 和 $PM_{2.5}$。采样方式为每天进行 24 h 连续采样，雨雪天气停止采集，特殊情况（仪器故障、设备维修等）临时调整采样时间。图 5-2 为北京采样点 $PM_{2.5}$、PM_{10} 采样器。

图 5-1　大气颗粒物采样点分布

PM$_{2.5}$采样器

PM$_{10}$采样器

图 5-2　北京监测点位大气采样器

（3）采样设备

使用的采样设备为武汉天虹仪表有限公司、青岛恒远科技发展有限公司、青岛崂山电子仪器总厂有限公司生产的 PM$_{10}$、PM$_{2.5}$ 大气颗粒物采样器。选用纤维素膜（$\varphi 90$ mm，Whatman41）采集 PM$_{10}$、PM$_{2.5}$，选用石英纤维滤膜（$\varphi 90$ mm，Whatman）采集 PM$_{2.5}$，各监测点的采样对象采样膜见表 5-1。

表 5-1　采样设备仪器清单

采样地点	采样对象	采样流量/（L/min）	采样膜
北京师范大学	PM$_{10}$	100	纤维素膜（$\varphi 90$ mm，Whatman41）
北京师范大学	PM$_{2.5}$	40	纤维素膜（$\varphi 90$ mm，Whatman41）
北京师范大学	PM$_{2.5}$	100	石英纤维滤膜（$\varphi 90$ mm，Whatman）

采样地点	采样对象	采样流量/（L/min）	采样膜
石家庄监测站	PM$_{2.5}$	100	纤维素膜（φ90 mm，Whatman41）
石家庄监测站	PM$_{10}$	100	纤维素膜（φ90 mm，Whatman41）
石家庄监测站	PM$_{2.5}$	100	石英纤维滤膜（φ90 mm，Whatman）.
唐山监测站	PM$_{2.5}$	100	纤维素膜（φ90 mm，Whatman41）
唐山监测站	PM$_{10}$	100	纤维素膜（φ90 mm，Whatman41）
唐山监测站	PM$_{2.5}$	100	石英纤维滤膜（φ90 mm，Whatman）

5.1.2　样品分析

（1）大气颗粒物质量浓度分析

样品采集前，将大气颗粒物采样膜放入恒温恒湿（温度：20℃±5℃，湿度：40%±2%）的洁净室48 h，用精密电子天平（型号：Sartorius TB-215D，精密度：0.01 mg）进行称量，记录空白采样膜。采集样品时，需记录温度、相对湿度、气压等气象要素，采集结束后将有颗粒物的滤膜一面朝里对折成1/4状，并用镊子放入密封塑料袋。采样完成后，同样将采样膜放入恒温恒湿洁净室（温度：20℃±5℃，湿度：40%±2%）平衡48 h，用同一天平进行称量，称出采样膜的重量，并记录。称量完后将样品滤膜放冰箱中于4℃保存。依据颗粒物重量、采样时间、气压、温度等气象条件计算得出颗粒物质量浓度。

（2）大气颗粒物元素分析

①样品的前处理

常见的消解处理方法有微波消解法、密闭容器消解以及电热板消解法等。

微波消解法以微波作为加热源，酸分子直接吸收热能，微波可以使得粒子间得到加热，并且在酸和样品之间产生较大的热对流，可以促进酸与样品较好的接触，大大缩短消解时间，其准确度、精密度较好。

密闭容器消解法是将样品放置于聚四氟乙烯高压釜中，加入硝酸、高氯酸、氢氟酸，并加盖置于干燥箱中，进行消解平衡，平衡后放在电热板中将消解罐中的酸溶液赶尽。该方法弊端在于消解时间过长，准确度不如微波消解，但可减少挥发元素的损失。

电热板消解法的处理方法和密闭容器消解法相似，同样需要对样品进行加酸、加热、赶酸等过程，对电热板设备要求低，具有准确度高的优点。但该方法的消解温度和酸的蒸发速度不易控制，容易造成消解程度不够。

实验采用密闭容器消解法对样品进行处理，剪取大气采样膜的1/4（为不引入金属污染，采用聚乙烯塑料剪刀剪裁滤膜），每个聚四氟乙烯高压釜内放入已称重好的1/4的膜，每个样品均按如下顺序加入：3 ml浓硝酸（优级纯65%）、1 ml浓高氯酸（MOS级70%～72%）、1 ml浓氢氟酸（MOS级40%）。随后将消解罐置于干燥箱之中，设置温度170℃、时间4 h。

②样品分析与测试

ICP作为质谱的高温离子源（7 000 K），样品在通道中进行蒸发、解离、原子化、电离等过程。离子通过样品锥接口和离子传输系统进入高真空的MS部分，MS部分为四极快速扫描质谱仪，通过高速顺序扫描分离测定所有离子，扫描元素质量数范围从6～260，并通过高速双通道分离后的离子进行检测，浓度线性动态范围达9个数量级，从1×10^{-12}～

$1×10^{-6}$ 直接测定。本实验对颗粒物中的 23 种元素（Al、Fe、Mn、Mg、Ti、Sc、Na、Eu、Ce、Sr、Ca、Co、Cr、Ni、Cu、Pb、Zn、Cd、V、S、As、Se、Sb）进行分析和测试。

研究实验条件如下：RF 功率为 1 350 W，载气流速为 1.12 L/min，蠕动泵流速为 0.1 ml/min，雾化室温度为 2℃。氧化物指标为 0.45%，双电荷指标为 1.01%。根据内标元素的相对标准偏差（RSD）控制仪器的稳定性。将内标管放进 1 ppb 的内标溶液（Part #5183-4680，Agilent），每次数据采集结束后，检查内标元素（^{45}Sc，^{73}Ge，^{115}In，^{209}Bi）的 RSD 值，各个 RSD 值应小于 3%，否则重新采集数据。由于 ICP-MS 的检出限很低，研究需对空白样重复测定 2 次。

（3）水溶性离子分析

样品的处理方法为剪 1/4 的样品膜，用万分之一电子天平称量，剪碎后放入试管（容积约 20 ml）中，加 10 ml 高纯水，密封后，放入超声波清洗器振荡 40 min，用聚丙烯无菌注射器经 0.45 μl 一次性针头微孔滤膜注入离子色谱系统。对于高浓度的样品，稀释 10 倍后再行测定。仪器采用瑞士万通 861 Advanced Compact IC 型离子色谱仪，如图 5-3 所示。实验中所用的标准液来源于国家标准物质研究中心，浓度值见表 5-2。

图 5-3　瑞士万通 861 Advanced Compact IC 型离子色谱仪

表 5-2　标准液浓度

离子名称	浓度/10^{-6}	标准物质编号
F^-	1 000	GBW3065
Cl^-	1 000	GBW3052
NO_3^-	1 000	GBW（E）0802642017
SO_4^{2-}	1 000	GBW（E）0802662109
$H_2PO_4^-$	1 000	GBW3061
NO_2^-	100	GBW（E）0802230105
Na^+	1 000	GBW（E）080127
NH_4^+	1 000	GBW（E）081785
K^+	1 000	GBW（E）080125
Ca^{2+}	1 000	GBW（E）080118
Mg^{2+}	1 000	GBW（E）080126

（4）元素碳和有机碳分析

应用 DRI 碳分析仪分析颗粒物的有机碳和元素碳，有机碳和元素碳在不同温度下发生氧化的优先性不同，有机碳组分在低温纯 He 环境下即可从样品中挥发出来，而元素碳在此条件下不会氧化或转移。DRI 碳分析仪外观及结构见图 5-4。

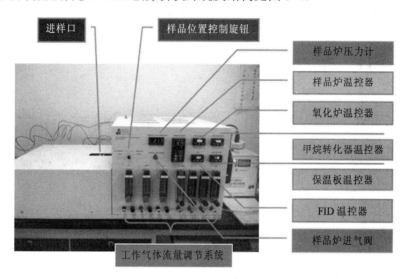

图 5-4　DRI 碳分析仪的外观及结构

5.2　重污染时段与常规时段颗粒物化学特征

5.2.1　常规时段颗粒物理化特征

（1）颗粒物浓度变化

从环保部网站下载北京、石家庄、唐山三地每日 API 值，换算得出每日 PM_{10} 浓度。对比发现，北京、石家庄、唐山三地 PM_{10} 浓度变化趋势基本一致，这也体现了大气颗粒物污染的区域性变化。在整个华北地区，大气污染表现出明显的季节特征：春季沙尘、浮尘严重；夏季光化学污染多发；秋季雾霾天气多；而冬季燃煤取暖污染物排放与汽车尾气叠加，造成污染超标时有发生。此外，不利于污染物扩散的地形，也是华北地区易发生大气灰霾污染不可忽视的原因。与石家庄和唐山不同的是，北京特殊的地理位置和地形条件使之易受来自内蒙古和张家口地区的沙尘影响，尤其是春季容易发生沙尘污染。2011 年 5 月 1 日，受严重外来沙尘天气和局地扬尘影响，空气污染指数达 500，为五级重度污染，PM_{10} 浓度也达到全年最高，为 600 μg/m³。

与 PM_{10} 浓度特征一致，三地 $PM_{2.5}$ 浓度均为冬春季节高、夏秋季节低，元素占 $PM_{2.5}$ 的百分率春季最高，尤其是地壳元素 Na、Mg、Al、Ca、Fe 春季浓度远高于其他季节。北京典型地区的 $PM_{2.5}/PM_{10}$ 平均值为 63.0%，与徐宏辉报道的 2004—2006 年 $PM_{2.5}/PM_{10}$ 年平均比值依次为 46.3%、49.6%、50.5%比较[①]，呈上升趋势。石家庄典型地区的 $PM_{2.5}/PM_{10}$ 平均值为 62.0%，唐山典型地区的 $PM_{2.5}/PM_{10}$ 平均值为 60.0%。整个华北地区的 PM_{10} 在下降，但 $PM_{2.5}$ 一直处于高位，原因是 $PM_{2.5}$ 在 PM_{10} 中的比例大幅度上升。有研究显示，近些年来虽然北京市的 PM_{10} 浓度每年下降 2%～3%，但其中的 $PM_{2.5}$ 浓度却每年上升 3%～4%。说明控制细粒子是治理北京气溶胶污染的关键问题。按季节比较，春季的比值最低，主要是由于春季沙尘暴中粗粒子比较多。夏秋季的比值比较高，这可能是夏季光化学烟雾形成的细粒子较多，而由于雨水的清除作用，粗粒子比较少。秋季逆温等天气，容易形成二次粒子的累积，二次粒子主要来自气粒转化，多数为细粒子。

（2）常规时段 $PM_{2.5}$ 化学特征研究

①$PM_{2.5}$ 元素特征

季节变化　研究以北京为例进行 $PM_{2.5}$ 中元素浓度随季节变化的分析，结果见图 5-5。由图可知，Na、Mg、Al、S、Ca、Sc、Ti、V、Cr、Mn、Fe、Co、Ni、Cu、Zn、As、Se、Sr、Cd、Sb、Ce、Eu、Pb 共 23 种元素中，Na、Mg、Al、S、Ca、Fe、Zn、Pb、Mn、Ti 的含量较高。其中 Na、Mg、Al、Ca、Fe、Ti 为地壳元素，按年均值计，以上 6 种地壳元素占元素总量的 53.26%。S、Zn、Mn、Pb 为典型的人为源元素，按年均值计，以上 4 种人为源元素占元素总量的 43.84%。

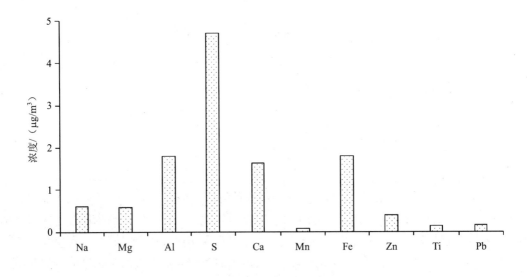

图 5-5　受体中主要元素日均值浓度

元素的空间变化　三地对于元素的年内季节变化表现出类似的规律，针对主量成分中所含的 8 种元素进行三地间元素浓度差异比较，见图 5-6。

① 徐宏辉. 北京及周边地区大气气溶胶的质量浓度和无机组分的特征及其来源研究[D]. 北京：中国科学院研究生院，2007：89-93.

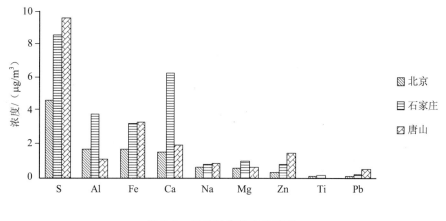

图 5-6　三地元素浓度比较图

　　整体来看三地主要成分元素的浓度由大到小依次为唐山监测点、石家庄监测点、北京监测点，其中，元素 S、Fe、Na、Zn、Pb 的浓度为唐山高于北京和石家庄，唐山为重工业城市，由于燃煤排放 S、Fe 及金属冶炼排放 Fe、Zn、Pb 导致相应元素浓度较高。唐山为临海城市导致海盐排放的 Na 元素浓度较大。Al、Ca、Mg 的浓度为石家庄高于北京和唐山，尤其是 Al 和 Ca 元素，分别为北京和唐山 Al、Ca 元素的 2.10～3.89 倍及 3.18～3.28 倍，说明 $PM_{2.5}$ 中建筑施工及土壤尘贡献率较高，主要受石家庄监测点周围建筑施工工地影响。

　　② $PM_{2.5}$ 水溶性离子特征

　　研究选取主量成分中的 NO_3^-、SO_4^{2-}、NH_4^+、Cl^-、Ca^{2+}、K^+、Na^+、Mg^{2+}、F^- 4 种阴离子和 5 种阳离子进行水溶性离子组分的特征分析。

　　水溶性离子的季节变化　　以北京为例研究水溶性离子浓度的季节变化，如图 5-7 为北京监测点位 $PM_{2.5}$ 中水溶性离子浓度。北京监测点位 $PM_{2.5}$ 中水溶性离子浓度按季节变化规律如下，NO_3^-、SO_4^{2-}、NH_4^+ 3 种二次离子的浓度夏季最高，冬季次之，春秋季较低，由于夏季高温多光照的强氧化性的气象条件容易使 SO_2、NO_x 等氧化成为二次离子，冬季由于处于采暖季，SO_2、NO_x 的主要来源之一是燃煤排放，排放源增加导致相应离子的浓度增大。K^+ 主要来源于生物质燃烧，冬季 K^+ 浓度增大受生物质燃烧源影响，主要来自北京市附近的麦秸、树叶等生物质的燃烧。[①] Ca^{2+} 浓度春季最高，一方面受北京春季沙尘天气影响导致地壳元素浓度普遍升高，另一方面由于春季气温回升建筑施工工作开始进行建工施工导致 Ca^{2+} 浓度增加。

---

① Wang Y，G Zhuang，A Tang，et al. The ion chemistry and the source of $PM_{2.5}$ aerosol in Beijing[J]. Atmospheric Environment，2005，39（21）：3771-3784.

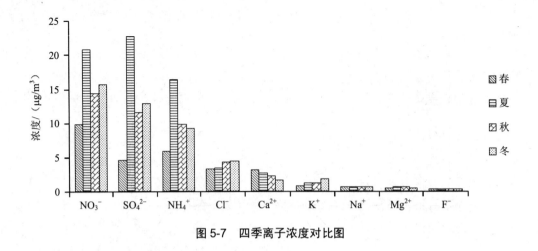

图 5-7 四季离子浓度对比图

水溶性离子的空间变化 三地对于水溶性离子的年内季节变化表现出类似的规律,三地间水溶性离子浓度差异比较见图 5-8。

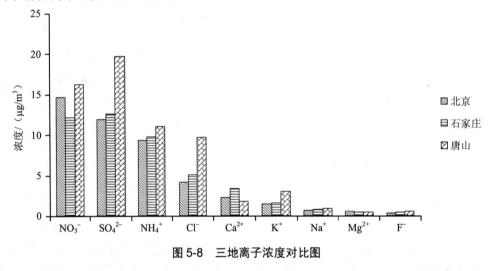

图 5-8 三地离子浓度对比图

整体来看三地监测点位的主要成分水溶性离子的浓度由大到小依次为唐山、石家庄、北京,其中,SO_4^{2-}、Cl^-、K^+的浓度唐山最高,石家庄次之、北京最低,说明由燃煤排放及生物质燃烧产生的污染在唐山最大,在北京最小,同时也说明北京自"十一五"规划以来采取的燃煤脱硫效果显著。Ca^{2+}的浓度在石家庄最高,说明石家庄建筑施工及土壤扬尘排放较大,与元素 Ca 呈现出一致的规律性。NH_4^+的浓度地区差异并不明显,说明三地 NH_3 排放源强度相当。

③$PM_{2.5}$ 有机碳、元素碳特征

OC 和 EC 是大气颗粒物 $PM_{2.5}$ 和 PM_{10} 中贡献浓度较高的组分,主要来源于柴油、汽油和煤等燃料燃烧的直接排放以及自然气体和生物排放,是重要的温室气体。[1] OC 中包

---

① 王玮,陈宗良. 大气气溶胶中无机碳和有机碳[J]. 环境科学丛刊,1991,12(2):27-33;Sharma V K, Patil R S. Size distribution of atmospheric aerosols and their source identification using factor analysis in Bombay, India[J]. Atmospheric environment,1992,26B(1):13-140.

含多环芳烃类物质以及一些诱导性致癌或致基因突变物质，严重危害着人类的健康。[①] OC 来源包括各种污染源的直接排放产生的原生有机碳（POC）和先驱性气体物质在大气环境反应而形成的次生有机碳（SOC）。EC 可以加热空气，改变当地的大气稳定度和垂直运动，并且通过影响大尺度范围的大气湍流和水气循环改变局部地区的气候条件。[②]

有机碳和元素碳的季节变化　图 5-9 给出了北京监测点位的 $PM_{2.5}$ 中碳组分浓度值的季节变化。OC、SOC 的浓度及 OC/EC 的值按季节变化为秋冬季高、春夏季低，四季 EC 浓度变化并不明显。秋季 OC 的浓度分别为春季夏季的 1.91 和 2.61 倍，冬季 OC 的浓度分别比春季夏季升高了 52.12%及 95.02%，分析原因主要有：一是秋冬季源排放增大，气温较低，低沸点的有机分子不易从颗粒物中挥发，夏春季节源排放变小，且夏季气温较高，导致部分小分子有机会挥发。二是秋冬季采样期间多为晴朗大气，充足的光照促进了大气中碳氢化合物的光化学反应导致高沸点的二次有机碳（SOC）的生成。夏季雨水多，雨水的冲刷作用有效降低了大气中有机气溶胶的含量，春季大风低湿的气象条件不利于二次有机碳的生成。三是秋季生物质燃烧较多，导致 OC 的浓度一定程度升高。相比之下，3 个季节 EC 的浓度变化幅度较小，说明 EC 在大气中的含量较为稳定，受气象条件影响较小。

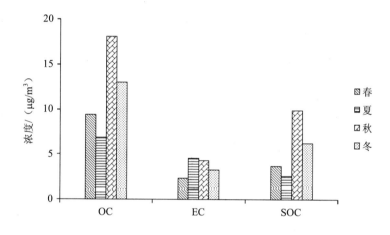

图 5-9　北京监测点位 $PM_{2.5}$ 中碳组分浓度季节变化

TC=OC+EC，将四季 OC 和 EC 的浓度进行比较，可以发现 OC 的浓度在碳组分的分别占 80.38%、60.63%、80.70%和 80.23%，EC 所占比例较小。北京地区四季 SOC 的浓度平均值达到了 6.24 $\mu g/m^3$，占 OC 的 49.29%，秋季和冬季 SOC 的平均浓度分别为 9.87 $\mu g/m^3$ 和 6.16 $\mu g/m^3$，分别占相应 OC 的 55.08%和 47.68%，可见秋冬季 SOC 的污染程度高于春夏两季，这也验证了前面的分析结果。

有机碳和元素碳的空间变化　由图 5-10 可以看出北京、石家庄、唐山三地监测点位的碳质组分污染由重到轻依次为石家庄、唐山、北京，尤其是石家庄 OC 及 SOC 的浓度显著高于北京及唐山地区，石家庄 OC 及 SOC 的浓度分别为 31.57 $\mu g/m^3$ 和 15.34 $\mu g/m^3$，高于唐山地区 OC 及 SOC 浓度的 95.59%和 117.54%，高于北京地区 OC 及 SOC 浓度的 149.27%

① 吴雷，王慧. 城市颗粒物污染来源与特性分析[J]. 干旱环境监测，2003，17（3）：157-159.
② Menon S，Hansen J，Nazarenko L，et al. Climate effects of black carbon aerosols in China and India[J]. Science，2002（297）：2250-2253.

和 145.64%。由于石家庄地区夏季样品较少，导致夏季相应碳质组分贡献浓度低，主要受秋冬季节的高浓度影响。石家庄和唐山采样点均靠近市区主要交通干道，并且采样地点距地面为 15 m 左右，易受地面机动车尾气排放影响，导致石家庄和唐山 OC 的浓度较高。EC 浓度差异不大也说明了其受季节变化不明显。从 OC/EC 的值来看，三地生成 SOC 的效应相当，SOC 的浓度主要受其前体物 OC 浓度大小的影响。

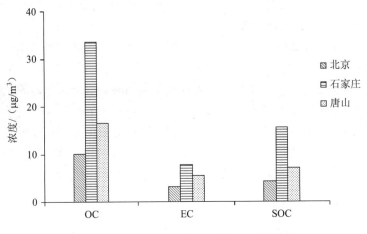

图 5-10 三地监测点位的碳质组分浓度变化

④PM$_{2.5}$ 各组分含量变化

将 PM$_{2.5}$ 中各组分按一次组分及二次组分进行季节分类统计，一次组分主要包括土壤尘、一次有机物（POA）、元素碳（EC）、污染元素，二次组分主要包括二次有机物（SOA）、SO$_4^{2-}$、NO$_3^-$、NH$_4^+$。土壤尘的浓度根据主要地壳元素 Mg、Al、Ca、Fe 的相应氧化物计算得出，二次有机物（SOA）由计算得出的二次有机碳（SOC）乘以经验系数 1.6 得到，一次有机物（POA）由 OC 与 SOC 的差乘以经验系数 1.6 得到。除地壳元素以后得元素浓度统一求和作为污染元素的浓度。

二次粒子的产生主要来自一次污染物的转化。无机二次粒子 SO$_4^{2-}$、NO$_3^-$、NH$_4^+$ 主要为 SO$_2$、NO$_2$、NH$_3$ 等污染物在光照条件下经大气化学反应生成。二次有机气溶胶（SOA）主要通过 VOC 氧化形成的低挥发性产物，在粒子表面浓缩、吸附后分配到颗粒相而形成，SOA 大多存在于小于 2 μm 的细颗粒物中。二次粒子前体物主要来自人为源，如化石燃料燃烧、有机溶剂的使用以及自然源（如植物排放）等。形成 SOA 的主要前体物是芳香族化合物以及烯烃、烷烃、环烷烃、萜烯和生物排放的非饱和氧化物。PM$_{2.5}$ 质量的改善应重视对前体物的控制。

此外，一次有机气溶胶的主要人为源是化石燃料和生物质的不完全燃烧，如汽油、柴油、煤、木材树叶等燃烧过程的排放，主要的天然源是植物排放和天然大火。土壤尘主要是 Al、Si、Ca、Fe、Mg 等地壳元素的氧化物，另有如 Cu、Zn、Pb 等 15 种金属污染元素和元素碳的贡献。一次粒子占 PM$_{2.5}$ 比重也较大，其对 PM$_{2.5}$ 的贡献也不能忽略。

PM$_{2.5}$ 中的未知组分可能由 PM$_{2.5}$ 质量浓度与各种化学成分的分析测量误差，水溶性成分吸收的水蒸气，土壤尘与一次有机物、二次有机物估算中引入的偏差，以及其他未能测量的成分等原因造成。未知组分的含量变化范围为 16.86%～27.43% 不等。

　　表 5-3、表 5-4 和表 5-5 显示，北京、石家庄、唐山监测点位的 $PM_{2.5}$ 中，二次粒子占到了颗粒物总质量的 43.92%～50.26%，比重较高。$PM_{2.5}$ 各组分中一次有机物、土壤尘、二次有机物和 NO_3^-、SO_4^{2-}、NH_4^+ 3 种二次离子随季节变化大，元素碳（EC）和污染元素季节变化不明显。夏季二次组分所占比例最高，为 45.31%～56.15%，秋冬季节次之，春季最低；春季一次组分所占比例最高，为 39.35%～55.05%，秋冬季节次之，夏季最低。

　　整体看来，北京监测点位的二次组分贡献率最高，可达 50.26%，其次是唐山的 43.92%，石家庄最低为 39.24%，可见北京地区大气颗粒物二次污染最为严重，机理也相对复杂。二次污染的形成受污染源和气象条件的综合影响。夏季高温高湿强光照的气象条件易发生二次污染，故夏季二次组分的比例会相应提高。春季是沙尘暴的高发时段，一次组分，尤其是土壤尘的含量和比例会有较大增加。冬季处在采暖季，污染源排放变大，遇到静风小风的气象条件易发生二次污染，二次组分的比例也有所增加。北京与石家庄二次组分比例相差 11.04%，分析其原因主要是由于石家庄地区 Al、Ca 等地壳元素浓度普遍高于北京，土壤尘在 $PM_{2.5}$ 中的比例增加明显，虽然 NO_3^-、SO_4^{2-} 和 NH_4^+ 的绝对浓度石家庄高于北京，但是二次组分的比例由于高土壤尘浓度反而有所下降。

表 5-3　北京监测点位 $PM_{2.5}$ 组成　　　　单位：%

	一次组分 39.35				二次组分 39.73				未知组分
春	POA	EC	土壤尘	污染元素	SOA	SO_4^{2-}	NO_3^-	NH_4^+	
	9.40	3.69	24.97	1.21	10.56	7.41	13.41	8.35	21.02
	一次组分 26.28				二次组分 56.15				未知组分
夏	POA	EC	土壤尘	污染元素	SOA	SO_4^{2-}	NO_3^-	NH_4^+	
	8.94	5.75	9.97	1.62	13.27	15.32	16.08	11.48	17.57
	一次组分 27.10				二次组分 50.25				未知组分
秋	POA	EC	土壤尘	污染元素	SOA	SO_4^{2-}	NO_3^-	NH_4^+	
	12.46	4.14	9.70	0.80	17.73	10.57	12.98	8.98	22.65
	一次组分 27.58				二次组分 50.48				未知组分
冬	POA	EC	土壤尘	污染元素	SOA	SO_4^{2-}	NO_3^-	NH_4^+	
	11.23	3.31	12.01	1.03	13.23	10.52	17.30	9.43	21.94
	一次组分 30.13				二次组分 50.26				未知组分
平均值	POA	EC	土壤尘	污染元素	SOA	SO_4^{2-}	NO_3^-	NH_4^+	
	11.13	4.18	13.68	1.13	14.20	10.98	15.06	11.13	19.61

表 5-4　石家庄监测点位 $PM_{2.5}$ 组成　　　　单位：%

	一次组分 55.05				二次组分 24.45				未知组分
春	POA	EC	土壤尘	污染元素	SOA	SO_4^{2-}	NO_3^-	NH_4^+	
	14.00	4.13	35.66	1.26	7.18	6.14	6.69	4.43	20.50
	一次组分 27.25				二次组分 45.31				未知组分
夏	POA	EC	土壤尘	污染元素	SOA	SO_4^{2-}	NO_3^-	NH_4^+	
	11.04	5.88	9.74	0.59	12.83	10.86	9.95	11.67	27.43
	一次组分 29.19				二次组分 45.60				未知组分
秋	POA	EC	土壤尘	污染元素	SOA	SO_4^{2-}	NO_3^-	NH_4^+	
	14.45	5.44	8.49	0.82	15.91	10.14	11.27	8.28	25.21

	一次组分 36.18				二次组分 42.79				未知组分
冬	POA	EC	土壤尘	污染元素	SOA	SO_4^{2-}	NO_3^-	NH_4^+	
	16.85	4.64	13.53	1.16	17.89	8.77	8.26	7.87	21.03
	一次组分 39.51				二次组分 39.24				未知组分
平均值	POA	EC	土壤尘	污染元素	SOA	SO_4^{2-}	NO_3^-	NH_4^+	
	14.90	4.96	18.60	1.05	13.82	8.81	8.98	7.63	21.25

表 5-5 唐山监测点位 PM$_{2.5}$ 组成　　　　　　单位：%

	一次组分 44.10				二次组分 38.96				未知组分
春	POA	EC	土壤尘	污染元素	SOA	SO_4^{2-}	NO_3^-	NH_4^+	
	15.09	5.39	20.67	2.96	7.65	9.32	12.41	9.57	16.94
	一次组分 32.83				二次组分 51.20				未知组分
夏	POA	EC	土壤尘	污染元素	SOA	SO_4^{2-}	NO_3^-	NH_4^+	
	9.68	6.15	14.35	2.64	9.02	14.56	16.08	11.55	16.98
	一次组分 32.14				二次组分 43.41				未知组分
秋	POA	EC	土壤尘	污染元素	SOA	SO_4^{2-}	NO_3^-	NH_4^+	
	14.75	5.96	9.61	1.82	9.66	11.87	11.92	9.96	24.45
	一次组分 39.92				二次组分 43.22				未知组分
冬	POA	EC	土壤尘	污染元素	SOA	SO_4^{2-}	NO_3^-	NH_4^+	
	15.34	5.64	15.94	3.00	13.11	11.80	8.34	9.97	16.86
	一次组分 37.28				二次组分 43.92				未知组分
平均值	POA	EC	土壤尘	污染元素	SOA	SO_4^{2-}	NO_3^-	NH_4^+	
	14.04	5.77	14.87	2.59	10.23	11.83	11.66	10.19	18.80

5.2.2　重污染时段颗粒物理化特征

（1）重污染时段浓度及气象特征

①采样期间重污染情况

采样期间共捕捉到 11 次重污染过程（按最高值 API>150 计），其中包含 4 次沙尘过程，其余 7 次均为静稳型污染过程。具体时间段、相应天气情况、污染类型见表 5-6。

表 5-6 重污染过程清单

日期	持续天数/d	最高 API	风速/（m/s）	相对湿度/%	天气情况	污染类型
2010.12.09—2010.12.11	3	176	2.4～4.4	42.00～68.50	雾	静稳型
2010.12.18—2010.12.23	5	222	1.5～2.6	17.66～41.70	雾	静稳型
2011.02.20—2011.02.25	6	333	0.36～1.86	42.21～45.79	雾霾	静稳型
2011.03.12—2011.03.21	10	250	2.21～4.43	10.97～29.52	浮尘	沙尘型
2011.04.14—2011.04.18	5	164	2.41～4.21	13.26～36.31	沙尘	沙尘型
2011.04.28—2011.05.02	5	500	2.11～3.39	16.92～32.63	扬沙	沙尘型
2011.05.10—2011.05.13	4	197	0.90～3.41	22.16～38.00	沙尘	沙尘型
2011.07.22—2011.07.24	3	159	2.10～2.55	50.30～55.00	雾	静稳型
2011.10.20—2011.10.22	3	248	1.00～1.65	83.00～94.00	灰霾	静稳型
2011.12.04—2011.12.07	4	193	0.59～2.47	56.75～80.92	雾	静稳型
2012.01.18—2012.01.20	3	269	1.08～1.85	38.38～65.82	雾	静稳型

由表 5-6 可知，北京地区秋冬季节 10 月至次年 2 月静风、静稳等不利气象条件发生频率高，致使大气污染物不易扩散、容易积累，易出现灰霾及雾天气，为静稳型重污染，3—5 月的春季风速较大，干燥，易受外来沙尘和局地扬尘的影响出现浮尘、扬沙及沙尘天气，为沙尘型重污染，而污染夏季则相对较少，仅 2011 年 7 月 24 日出现 API 值为 159 的轻度污染。

②典型重污染过程分析

不同重污染类型的成因及颗粒物组分不同，选取采样期间典型雾霾及沙尘重污染进行重污染气象条件及颗粒物组分分析。依据大气颗粒物 $PM_{2.5}$ 样品浓度计算结果绘制不同时间段的 $PM_{2.5}$ 浓度图，见图 5-11。

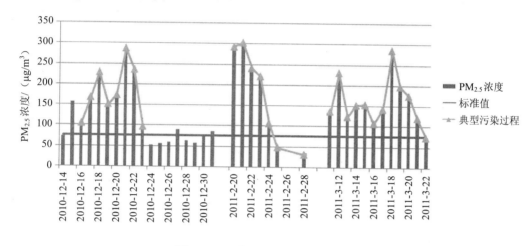

图 5-11　北京冬春季节 $PM_{2.5}$ 浓度图

由图 5-11 可知，北京 2010 年 12 月—2011 年 3 月冬春季节，发生了两次灰霾过程，分别为 2010 年 12 月 16—23 日、2011 年 2 月 20—28 日，$PM_{2.5}$ 浓度最高达到 301.8 $\mu g/m^3$，是美国 EPA $PM_{2.5}$ 日均浓度 35 $\mu g/m^3$ 的 8.62 倍，是国家《环境空气质量标准》日均浓度限值（75 $\mu g/m^3$）的 4.02 倍。期间风速为 0.36～1.86 m/s，相对湿度为 42.21%～45.79%，小风高湿均为不利于污染扩散的气象条件，导致污染的累积，形成了周期较长的灰霾污染。发生了两次沙尘过程，分别为 2011 年 3 月 12—16 日、2011 年 3 月 17—22 日，$PM_{2.5}$ 浓度最高达到 284.8 $\mu g/m^3$，是美国 EPA $PM_{2.5}$ 日均浓度的 8.14 倍，是国家《环境空气质量标准》日均浓度限值（75 $\mu g/m^3$）的 3.40 倍。期间风速为 2.21～4.43 m/s，相对湿度为 10.97%～29.52%，大风低湿易于沙尘天气的形成，沙尘天气持续时间较短。

（2）重污染时段 $PM_{2.5}$ 组分特征

①$PM_{2.5}$ 主要元素特征

用非污染时段的数据进行富集因子分析，筛选得出地壳源和人为源的主要元素。关于待测元素以及参比元素的丰度的选择，研究选用黎彤所述的中国陆地元素丰度值，详见黄荣辉的《高等地球化学》。[①]

本书将 Fe 作为参比元素，统一将 EF 值大于 10 定义为人为源，小于 10 定义为地壳源。

---

① 黄荣辉. 高等地球化学[M]. 北京：科学出版社，2000.

表 5-7　北京监测点位的非污染天气各元素的富集因子值

元素	EF 值	元素	EF 值	元素	EF 值
Na	0.15	Cr	1.73	Se	**1 185.15**
Mg	0.40	Mn	2.17	Sr	0.29
Al	0.20	Fe	1	Cd	**118.29**
S	**63.10**	Co	4.54	Sb	**420.23**
Ca	0.55	Ni	1.22	Ce	0.19
Sc	0.21	Cu	**12.95**	Eu	0.13
Ti	0.16	Zn	**31.33**	Pb	**41.92**
V	0.88	As	**137.83**		

注：加粗表示 EF 值大于 10。

将 $PM_{2.5}$ 日均浓度低于或接近国家推荐 $PM_{2.5}$ 日均标准值（75 μg/m³）的时段作为非污染时段，用以研究污染源排放变化不大情况下由气象条件变化造成的颗粒物组分及浓度差异，选取 2010 年 12 月 24—30 日作为非污染时段，对 $PM_{2.5}$ 中元素浓度平均值（相对标准偏差均小于 50%）进行富集因子分析，结果如表 5-7 所示。从表中可以发现大气颗粒物 $PM_{2.5}$ 中 S、Cu、Zn、As、Se、Cd、Sb、Pb 8 种元素的富集因子值均大于 10，甚至个别日期出现元素 EF 值大于 2 000 的情况，初步断定该 8 种元素来源于人为源，而其他元素则来自地壳源。

以人为源和地壳源分类，比较不同污染类型元素浓度变化，由图 5-12 可知，人为源元素中 Cu、Zn、Pb 浓度较大，此外 S 元素灰霾、沙尘、非污染时段的平均浓度分别为 10.52 μg/m³、4.57 μg/m³ 和 0.59 μg/m³，其余则浓度较小，相应元素不同污染类型的浓度由大到小为静稳型污染、沙尘型污染、非污染。由图 5-13 可知，地壳源元素中 Na、Mg、Al、Ca、Fe 浓度较大，其余则浓度较小，且相应元素不同污染类型的浓度由大到小为沙尘型、静稳型、非污染。Ca、Mg 主要来自土壤风沙尘[1]，Ca 的另一个重要来源是建筑源[2]。土壤风沙尘和建筑扬尘主要是粗粒子。

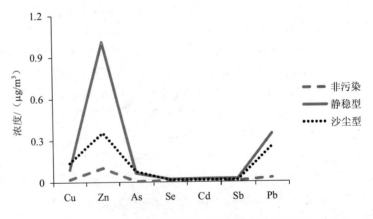

图 5-12　不同污染类型人为源元素浓度对比图

① 杨东贞，于海青，丁国安，等. 北京北郊冬季低空大气气溶胶分析[J]. 应用气象学报，2002，13（S1）：113-126.
② 高金和，王玮，杜渐，等. 厦门春季气溶胶特征初探[J]. 环境科学研究，1996，9（5）：33-37.

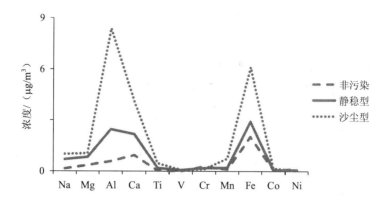

图 5-13　不同污染类型地壳源元素浓度对比图

　　静稳型污染时段元素 V 的浓度明显高于沙尘时段和非污染时段 2.44% 和 189.78%，静稳型污染时段元素 Ni 的浓度明显高于沙尘时段和非污染时段 6.72% 和 176.92%，浓度数量级较低在图中显示度不高，静稳型污染时段 V 和 Ni 浓度较高可能是由于元素 V 和 Ni 也少量存在于燃油中，静稳型污染时段机动车燃油排放和污染物累积相应增大的缘故。

　　通常认为 Pb 来自汽车尾气，北京于 1999 年规定使用无铅汽油，但是 Pb 的浓度依然达到了 0.412~0.508 μg/m³，主要来自局地已被污染的扬尘[1]，燃煤和生物质的燃烧也会排放 Pb[2]。

　　②PM$_{2.5}$ 水溶性离子特性

　　分析静稳型污染天气、沙尘天气和非污染天气水溶性阴阳离子浓度的变化，如图 5-14 所示。

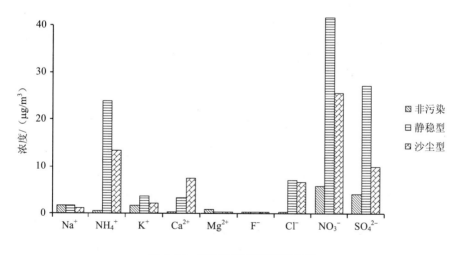

图 5-14　不同污染类型离子浓度

---

① 张仁健，王明星，胡非，等. 采暖期前和采暖期北京大气颗粒物的化学成分研究[J]. 中国科学院研究生院学报，2002，19（1）：75-81.
② 盛立芳，郭志刚，高会旺，等. 渤海大气气溶胶元素组成及物源分析[J]. 中国环境监测，2005，21（1）：16-21.

由图 5-14 可知，冬春季节 PM$_{2.5}$ 中含量较高的阳离子为 NH$_4^+$、Ca^{2+}、K$^+$，含量较高的阴离子为 NO$_3^-$、SO$_4^{2-}$。不同污染类型 Na$^+$、K$^+$、Mg^{2+}、F$^-$ 离子浓度变化不大，静稳型污染天气二次离子 NH$_4^+$、NO$_3^-$、SO$_4^{2-}$ 的浓度高于沙尘天气和非污染天气。NH$_4^+$、NO$_3^-$、SO$_4^{2-}$ 主要是由化石燃料燃烧、机动车尾气等排放到大气中大量气态前体物，在静稳型污染气象条件易于发生污染物的二次转化。宋宇等指出在湿度大、风速小、逆温现象严重的天气，二次来源生成的大量硫酸盐可以富集起来。[1] 沙尘天气中 Ca^{2+} 浓度明显高于非污染天气及静稳型污染天气，由于 Ca 元素是建筑扬尘和地面扬尘的特征元素，Ca 元素浓度较大导致 Ca^{2+} 浓度较高。

③PM$_{2.5}$ 有机碳和元素碳特性

依据主要源排放的原始 OC 与 EC 的质量比（OC/EC）$_{pri}$ 进一步估算二次生成的 OC（OC$_{sec}$）的浓度[2]，分析静稳型污染天气、沙尘天气和非污染天气有机组分 OC/EC、二次有机碳 SOC 的浓度变化，结果见表 5-8。

表 5-8　不同污染类型 OC/EC 及 SOC 浓度

	OC/EC			SOC/（μg/m^3）		
	最小值	最大值	平均值	最小值	最大值	平均值
非污染	2.580	4.266	3.735	1.231	3.253	2.239
静稳型	3.048	4.956	4.085	9.958	19.50	13.20
沙尘型	2.124	4.006	3.089	1.699	7.306	4.815

有研究表明，OC/EC>2 时，能够产生二次有机碳。[3] 灰霾天气 OC/EC 的值最大，高于非污染天气和沙尘天气，导致二次有机碳的浓度最高为 13.20 μg/m^3。期间小风高湿的气象条件，有利于二次有机物的形成。沙尘天气 OC/EC 的值最小，二次有机碳的生成减少为 4.815 μg/m^3，非污染天气与沙尘天气 OC/EC 与 SOC 的差异并不明显。

④PM$_{2.5}$ 各组分含量变化

对采样期间捕捉到的静稳型污染过程和沙尘型污染过程分别合并进行 PM$_{2.5}$ 组成分析，北京、石家庄和唐山监测点位的结果分别为表 5-9、表 5-10 和表 5-11。

表 5-9　不同污染类型北京监测点位 PM$_{2.5}$ 组成

	一次组分 25.11				二次组分 56.95				未知组分
静稳型	POA	EC	土壤尘	污染元素	SOA	SO$_4^{2-}$	NO$_3^-$	NH$_4^+$	
	10.65	3.58	9.56	1.32	9.05	13.70	21.75	12.45	17.94
	一次组分 42.72				二次组分 35.35				未知组分
沙尘型	POA	EC	土壤尘	污染元素	SOA	SO$_4^{2-}$	NO$_3^-$	NH$_4^+$	
	11.55	4.78	25.26	1.13	11.79	7.48	11.05	5.03	21.92

---

[1] 宋宇，唐孝炎，方晨，等. 北京市大气细粒子的来源分析[J]. 环境科学，2002，23（6）：11-16.

[2] Turpin B J, Lim H J. Species contribution to PM$_{2.5}$ concentrations: revising common assumptions for estimating organic mass[J]. Aerosol Sci Technol, 2001，（35）：602-610.

[3] Duan F K, Liu X D, Yu T, et al. Identification and estimate of biomass burning contribution to the urban aerosol organic carbon concentrations in Beijing[J]. Atmospheric Environment，2004，（38）：1275-1282.

表 5-10　不同污染类型石家庄监测点位 PM₂.₅ 组成

	一次组分 26.35				二次组分 54.98				一次组分
静稳型	POA	EC	土壤尘	污染元素	SOA	SO_4^{2-}	NO_3^-	NH_4^+	18.67
	12.10	3.83	9.31	1.11	20.38	11.01	13.10	10.49	
	一次组分 59.67				二次组分 20.01				未知组分
沙尘型	POA	EC	土壤尘	污染元素	SOA	SO_4^{2-}	NO_3^-	NH_4^+	20.32
	10.03	3.16	45.31	1.17	7.82	4.67	4.69	2.83	

表 5-11　不同污染类型唐山监测点位 PM₂.₅ 组成

	一次组分 27.12				二次组分 55.73				一次组分
静稳型	POA	EC	土壤尘	污染元素	SOA	SO_4^{2-}	NO_3^-	NH_4^+	17.15
	8.92	3.79	12.45	1.96	11.21	16.54	13.06	14.92	
	一次组分 46.16				二次组分 30.20				未知组分
沙尘型	POA	EC	土壤尘	污染元素	SOA	SO_4^{2-}	NO_3^-	NH_4^+	23.64
	14.15	5.33	24.28	2.39	6.46	8.03	7.16	8.55	

　　由表 5-9、表 5-10 和表 5-11 可知，静稳型污染过程和沙尘型污染过程一次组分和二次组分比例有显著变化，静稳型污染过程二次组分比例高，为 54.98%～56.95%，二次有机物、硫酸盐、硝酸盐和铵盐均有不同比例的增加。沙尘型污染过程一次组分比例高，为 42.72%～59.67%，一次组分中土壤尘含量较静稳型污染过程增加明显。以石家庄沙尘型污染中土壤尘比例最高，占 PM₂.₅ 组成的 45.31%，相应高于石家庄春季土壤尘占 PM₂.₅ 的 35.66%。不同污染类型一次组分中元素碳及污染元素变化不大，同属于含量较小的组分，可见元素碳及污染元素主要是由一次污染源排放造成的，受气象条件影响较小。

　　（3）常规时段与重污染时段 PM₂.₅ 组分变化特征

　　综合常规时段及重污染时段 PM₂.₅ 组成分析结果，讨论常规时段及重污染时段 PM₂.₅ 中一次组分及二次组分所占比例变化，结果如图 5-15 和图 5-16 所示。

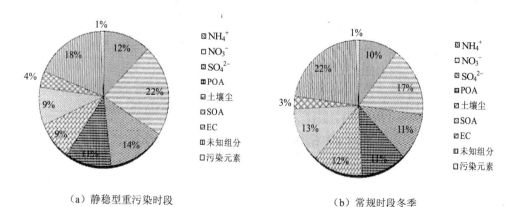

（a）静稳型重污染时段　　　　　　　　（b）常规时段冬季

图 5-15　静稳型重污染时段及常规时段 PM₂.₅ 组成分析

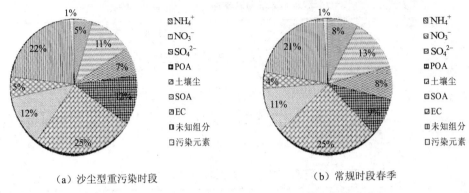

（a）沙尘型重污染时段　　　　　　　　　（b）常规时段春季

图 5-16　沙尘型重污染时段及常规时段 PM$_{2.5}$ 组成分析

由图 5-15 和图 5-16 可知，与常规季节 PM$_{2.5}$ 组成分析结果对比，污染天气条件下，一次组分与二次组分含量差异增大。静稳型重污染时段二次组分中 SO$_4^{2-}$、NO$_3^-$、NH$_4^+$ 所占比例均比冬季有所提高，为 2%～5%，二次组分的含量也由 50.48% 提高至 56.95%，可见静稳型重污染时段更易发生二次转化、导致二次组分的累积，与此相对的一次组分的含量则相应降低，尤其是土壤尘的含量由 12% 降低至 9%。未知组分大约占 18%～22%。

沙尘型重污染时段一次组分的含量高于春季，分别为 42.72% 和 39.35%。其中土壤尘所占比例变化不明显，而 SO$_4^{2-}$、NO$_3^-$、NH$_4^+$ 等二次粒子很明显在沙尘型污染时段转化和累积相应减少。

针对不同类型的污染要采取不同的控制措施，静稳型污染主要由二次污染物造成，要重点控制二次污染物的生成，可从阻滞有利于二次污染物生成的条件和减少生成二次污染物的前体物着手。沙尘型污染主要由土壤尘造成，要控制土壤尘的生成，一方面要减少沙尘源的产生，另一方面要采取一系列降尘除尘措施。

5.3　重污染时段与常规时段颗粒物来源分析

5.3.1　常规时段颗粒物行业来源分析

（1）源解析方法及结果

①一次无机物来源分析

对一次无机物的解析选用因子分析法及正交矩阵因子分解法，通过 SPSS12.0 统计软件及 EPA 发布的 PMF3.0 软件模型实现。因子分析法可以以不同季节的浓度数据作为输入信息，解析出不同季节 PM$_{2.5}$ 的来源贡献，以进行 PM$_{2.5}$ 源贡献的季节比较。PMF 软件则输入所有的样本数据，PMF 软件可以自动算出季节、工作日及周末的源贡献变化。因子分析法和正交矩阵因子分解法的结果可以互为验证，提高计算的准确率及可信度。

a．因子分析法

运用 SPSS 软件中的因子分析模块实现 FA 法解析，解析四季北京、石家庄、唐山三地 PM$_{2.5}$ 监测点位的一次无机物的来源，找出每个主因子代表的污染源。

细颗粒物由直接排放和二次颗粒物组成，其来源复杂，可通过分析排放源的示踪元素来表达其来源，目前，据国内外学者对不同来源的大气颗粒物污染来源所做的研究[①]，不同的污染源及其包含的元素可表示为如下，见表 5-12。

表 5-12　颗粒物的来源及各种污染源所含的主要元素

来　源	主要元素
土　壤	Si、Al、Fe、Ti、K、Ca、Mg、Mn、Ba 等
海　盐	Na、Cl
建筑扬尘	Ca、Mg
燃　煤	S、As、Se、Ti、Cr、Pb、Zn、Br 等
燃　油	V、Ni、Co、Cu
汽车尾气	Pb、Co、Cr、Ni
金属冶炼	Cu、Zn、Fe、Mn、Cr 等
化石燃料、生物质燃烧	K、Zn、Mn

选择 Na、Mg、Al、S、Ca、Ti、Mn、Fe、Co、Ni、Cu、Zn、As、Cd、Sb、Pb 的浓度值的标准化值作为变量纳入模型，计算各变量的相关系数矩阵。因子分析模块解析得到主成分（PCA）分析法提取的因子共同度表、相关矩阵表、总方差解释表（相关系数矩阵、特征值及相应特征向量）、因子初始载荷矩阵表和经极大方差旋转后所得的因子负载矩阵。[②]

综上所述，北京市监测点位的 $PM_{2.5}$ 主要来源于土壤尘、燃煤及工业过程、机动车尘、垃圾燃烧尘，土壤尘季节变化较为明显，表现为春季土壤尘贡献率最高，为 35.45%；机动车尘四季变化不明显，为 13.88%～16.80%，燃煤及工业过程贡献冬春季节较高，分别为 34.52% 和 35.45%，秋季次之，夏季最低。垃圾燃烧尘季节贡献率变化不大，为 9.67%～15.30%。可见对北京市 $PM_{2.5}$ 的控制要着重控制土壤尘及燃煤和工业排放尘。

同样应用因子分析方法对石家庄和唐山两地大气监测点位的 $PM_{2.5}$ 一次无机物进行来源分析，三地的解析结果如表 5-13 至表 5-15 所示。

表 5-13　北京监测点位 $PM_{2.5}$ 因子分析　　　　　　　　单位：%

季节	1	2	3	4	累积贡献
春	土壤尘 35.453	燃煤尘、工业尘 34.044	机动车尘 13.876	垃圾燃烧尘 9.672	93.045
夏	机动车尘、工业尘 38.728	土壤尘 26.774	垃圾燃烧尘 15.304	燃煤尘 11.186	91.992
秋	土壤尘、垃圾燃烧尘 32.504	燃煤尘 24.109	机动车尘 15.502	工业尘 14.239	90.201
冬	燃煤尘、工业尘 34.526	土壤尘 20.107	机动车尘 16.797	垃圾燃烧尘 15.263	86.604

① 杨圣杰，陈莎，袁波祥. 北京市 $PM_{2.5}$ 小颗粒大气气溶胶特征及来源[J]. 北方交通大学学报，2001，25（6）：50-53.
② 孙伶俐. 应用 CMB 模型和 FA 法对区域大气颗粒物的综合源解析研究[J]. 安全与环境学报，2008，8（6）：94-100.

表 5-14 石家庄监测点位 PM₂.₅ 因子分析 单位：%

季节	1	2	3	4	累积贡献
春	土壤尘 30.861	机动车尘 16.663	工业尘 19.084	燃煤尘 13.630	80.238
夏	土壤尘、机动车尘 38.704	工业尘 25.130	燃煤尘 11.432	垃圾燃烧尘 9.977	85.243
秋	土壤尘、机动车尘 33.110	工业尘 24.109	燃煤尘 18.704	垃圾燃烧尘 12.809	89.330
冬	燃煤尘 28.495	土壤尘 24.109	机动车尘 15.864	垃圾燃烧尘 14.025	82.492

表 5-15 唐山监测点位 PM₂.₅ 因子分析 单位：%

季节	1	2	3	4	累积贡献
春	土壤尘 30.861	机动车尘 16.663	工业尘 19.084	燃煤尘 13.630	80.238
夏	土壤尘、机动车尘 38.704	工业尘 25.130	燃煤尘 11.432	垃圾燃烧尘 9.977	85.243
秋	土壤尘、机动车尘 33.110	工业尘 24.109	燃煤尘 18.704	垃圾燃烧尘 12.809	89.330
冬	燃煤尘 28.495	土壤尘 24.109	机动车尘 15.864	垃圾燃烧尘 14.025	82.492

由表 5-13 至表 5-15 可知，以上三地大气监测点位表现出一致的尘源季节变化，从贡献率来看，石家庄和唐山监测点位的燃煤及工业过程尘排放高于北京地区，主要是由于石家庄和唐山均存在大量冶金、建材等支柱型工业企业，燃煤消耗及工业排放会相应增加。尤其是唐山地区工业尘贡献率为 19.08%～25.13%，处于较高水平。石家庄地区土壤尘贡献率较高，为 34.86%～46.54%，与上一节 PM₂.₅ 组分分析中结果较为一致。

b. 正交矩阵因子分解法

研究选取的原则是在数据和有意义的结果一致的基础上选择最合理的因子数，对北京大气监测点位 PM₂.₅ 及各组成要素进行分析，结合因子分析法得出的 PM₂.₅ 来源分析结果，最终确定 4 个因子作为模型的运行因子，将采样分析得到的 2010 年 12 月—2012 年 1 月各一次无机组分浓度数据代入 PMF 模型进行运算，运行结果分析如下。

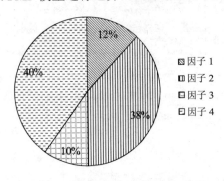

图 5-17 北京监测点位 PM₂.₅ 解析结果

由 PMF3.0 软件解析得到的北京监测点位的 PM$_{2.5}$ 全年源贡献如图 5-17 所示，共解析出 4 个因子，因子 1～4 分别对应机动车尘、燃煤及工业过程、垃圾燃烧尘、土壤尘，贡献率分别为 12.3%、37.6%、9.6%、40.5%。其中土壤尘、燃煤及工业过程贡献比例较大，二者合计贡献率为 78.1%。

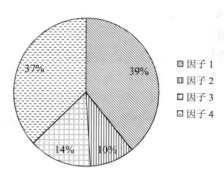

图 5-18　石家庄监测点位 PM$_{2.5}$解析结果

由 PMF3.0 软件解析得到的石家庄监测点位 PM$_{2.5}$ 全年源贡献如图 5-18 所示，共解析出 4 个因子，因子 1～4 分别对应土壤尘及城市综合扬尘、机动车尘、垃圾燃烧尘、燃煤及工业过程，贡献率分别为 39.0%、9.9%、14.3%、36.8%。其中土壤尘及城市综合扬尘、燃煤及工业过程贡献比例较大，二者合计贡献率为 75.8%。

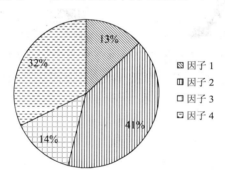

图 5-19　唐山监测点位 PM$_{2.5}$解析结果

由 PMF3.0 软件解析得到的唐山监测点位的 PM$_{2.5}$ 监测点全年源贡献如图 5-19 所示，共解析出 4 个因子，因子 1～4 分别对应垃圾燃烧尘、土壤尘及城市综合扬尘、机动车尘、燃煤及工业过程，贡献率分别为 13.4%、40.7%、13.8%、31.9%。其中土壤尘及城市综合扬尘、燃煤及工业过程贡献比例较大，二者合计贡献率为 72.6%。

综合分析一次无机物的因子分析结果和正交矩阵因子分解法解析，结果表明 PMF 解析得到的全年平均结果，三地土壤及城市综合扬尘贡献率均高于燃煤及工业尘贡献率，且各污染源季节变化规律与因子分析法得到的结果一致。机动车及垃圾燃烧尘对三地 PM$_{2.5}$ 的贡献分别为 9.9%～13.8%、9.6%～14.3%，该结果与因子分析结果也能够较好的对应。

②二次无机物来源分析

a. 硫酸盐及硝酸盐解析

大气污染除了与地形、气象要素等条件有关外，也与污染源的排放息息相关，污染物的排放是大气污染的根源。因此，弄清楚区域大气污染物排放源的种类、数量、位置等特征是一切评价和治理工作的基础及关键，排放清单的建立是否合理准确，直接影响后续工作。排放清单的建立是一项很复杂的工作，涉及实地监测、调查与统计，涉及工业、能源、交通、居民等各行各业。另外，还要进行数据的及时更新。

北京及近周边城市污染源清单和敏感源筛选中，引入最新污染普查更新数据及 2010 年环境活动信息水平对北京和河北地区工业排放数据以及无组织源进行更新，得到北京、石家庄和唐山地区 2010 年详细源清单数据。固定源包括工业及居民面源两大类，工业主要按电力、化工、冶金、建材及其他行业分类；无组织源包括道路与非道路移动源、交通扬尘、裸地扬尘、施工扬尘、料堆扬尘、工业无组织尘。SO_2 来自电力、建材、冶金、化工、其他工业等固定源，居民面源以及非道路移动源，NO_x 与 SO_2 主要来源相同，还有部分来自道路移动源。来自不同的排放源有日、月不均匀系数，据此整理各类排放源的贡献比例见表 5-16。

表 5-16　各类排放源四季的排放比例　　　　　　　　　　　单位：%

季节	电力	建材	冶金	化工	其他工业	居民面源
春	24.02	28.35	24.41	24.51	19.41	20.35
夏	26.45	30.11	24.77	24.70	7.72	2.65
秋	25.52	29.60	26.59	25.99	16.63	23.89
冬	24.02	11.94	24.23	24.80	56.24	53.10

由表 5-16 可知，电力、冶金、化工行业排放源随季节变化不明显，建材、其他工业和居民源受季节影响较大，建材行业冬季源排放占全年的比例最小，为 11.94%，其他工业冬季源排放所占比例最大，为 56.24%，居民面源排放夏季最低，冬季处于采暖季排放最高，相差 19.04 倍。

根据不同源排放的 SO_2、NO_x 转化为硫酸盐、硝酸盐的概率相同，估算硫酸盐、硝酸盐二次粒子来源，因此硫酸盐及硝酸盐季节来源比例可表示为：各类源年排放量×季节排放比例。北京各类源对硫酸盐四季贡献率结果如表 5-17 和表 5-18。

表 5-17　北京监测点位各类源硫酸盐四季的贡献率　　　　　　单位：%

源	春	夏	秋	冬
电力	16.05	32.59	16.28	7.83
建材	8.01	15.69	7.99	1.65
化工	5.07	9.49	5.27	2.46
冶金	4.37	8.12	4.42	2.16
其他工业	26.37	19.35	21.59	37.31
居民面源	36.94	8.89	41.41	47.04
非道路移动源	3.18	5.87	3.04	1.55

表 5-18　北京监测点位各类源硝酸盐四季的贡献率　　单位：%

源	春	夏	秋	冬
电力	13.61	16.42	7.44	4.87
建材	9.55	11.11	3.65	1.03
化工	1.16	1.29	2.41	1.53
冶金	2.25	2.49	2.02	1.34
其他工业	6.91	3.01	9.87	23.22
居民面源	7.58	1.08	18.94	29.28
道路移动源	48.02	52.62	45.35	31.55
非道路移动源	10.92	11.97	10.31	7.17

　　产生硫酸盐的各类源中，居民面源的贡献率随季节变化较大，冬季居民面源贡献最大，可达 47.04%，夏季为非采暖季，居民面源贡献最小，为 8.89%，全年平均值为 39.13%。工业源贡献率随季节变化不大，工业源中其他工业贡献最大，为 19.35%～37.31%，其次为电力、建材，电力及建材行业贡献率占总工业贡献率的 35.27%。SO$_2$ 与 NO$_x$ 排放量不同，但是各工业源及居民源排放强度随季节变化规律一致，道路及非道路移动源排放强度不发生季节变化。产生硝酸盐的各类源中，道路移动源贡献率最大，为 31.55%～52.62%，其次是非道路移动源，所占比例为 7.17%～11.97%。典型工业中，电力及建材行业贡献率相对较大，占总工业贡献比例的 64.56%。

　　石家庄和唐山监测点位各类源对硫酸盐和硝酸盐的贡献率见表 5-19 至表 5-22。

表 5-19　石家庄监测点位各类源硫酸盐四季的贡献率　　单位：%

源	春	夏	秋	冬
电力	40.23	49.16	40.57	31.58
建材	13.81	16.27	13.68	4.57
化工	9.90	11.15	10.24	7.72
冶金	14.20	15.88	14.29	11.28
其他工业	9.51	4.20	7.74	21.64
居民面源	10.72	1.55	11.95	21.95
非道路移动源	1.61	1.79	1.53	1.27

表 5-20　石家庄监测点位各类源硝酸盐四季的贡献率　　单位：%

源	春	夏	秋	冬
电力	22.22	24.64	22.91	21.59
建材	11.06	11.82	11.20	4.53
化工	5.78	5.90	6.11	5.57
冶金	10.56	10.72	10.87	10.39
其他工业	2.81	1.12	2.34	7.91
居民面源	2.41	0.32	2.75	6.12
道路移动源	34.08	34.32	33.08	33.12
非道路移动源	11.08	11.16	10.75	10.77

表 5-21　唐山监测点位各类源硫酸盐四季的贡献率　　　　单位：%

源	春	夏	秋	冬
电力	18.27	21.40	18.63	15.75
建材	16.37	18.49	16.40	5.95
化工	3.71	4.01	3.88	3.18
冶金	46.14	49.46	46.96	40.26
其他工业	9.96	4.22	8.19	24.89
居民面源	3.75	0.52	4.22	8.43
非道路移动源	1.79	1.90	1.72	1.54

表 5-22　唐山监测点位各类源硝酸盐四季的贡献率　　　　单位：%

源	春	夏	秋	冬
电力	18.16	14.52	18.67	18.12
建材	13.88	12.55	14.03	5.84
化工	1.81	2.72	1.91	1.79
冶金	27.56	33.56	28.29	27.85
其他工业	3.21	2.86	2.66	9.28
居民面源	1.12	0.35	1.27	2.92
道路移动源	23.73	23.16	22.97	23.69
非道路移动源	10.53	10.27	10.19	10.51

从表 5-19～表 5-22 可知，三地各类源对硫酸盐及硝酸盐的贡献率随季节的变化规律一致，但由于排放源强度的不同，行业贡献率有所变化。三地电力行业对硫酸盐和硝酸盐的贡献中，石家庄最高，分别为 39.61%和 22.83%，唐山次之，北京最低。居民面源及非道路移动源对硫酸盐和硝酸盐的贡献率为北京最高，这与北京地区人口和机动车保有量远高于石家庄和唐山两地有关。冶金源排放对硫酸盐和硝酸盐的贡献唐山远高于石家庄和北京，分别为石家庄和北京的 3.25 倍和 10.56 倍，这与唐山地区为重工业城市，其支柱产业为金属冶炼有关。其他工业贡献率中，北京高于石家庄和唐山，也正说明北京的工业种类更多，污染更为复杂。

由此可见，对硫酸盐前体物 SO_2 的控制关键是对采暖季居民面源的控制及对电力、建材两个行业的控制，对硝酸盐前体物 NO_x 的控制关键是对道路及非道路移动源及电力、建材两大行业的控制。针对北京重点削减控制其他工业源排放、居民面源以及非道路移动源排放，针对石家庄要重点削减控制电力行业源排放，针对唐山要重点削减控制冶金行业源排放。

b. 铵盐解析

二次粒子的形成还有一个必不可少的组成成分——NH_4^+，其与 SO_2、NO_x 氧化生成的 SO_4^{2-}、NO_3^- 反应生成的硫酸铵和硝酸铵二次粒子会降低大气能见度并损害人体健康。二次粒子的前体物中，NH_3 和 SO_2、NO_x 在来源的数量和时空分布上均有着较大的差别。从北京来看，在数量上，SO_2 和 NO_x 的排放量可能远远超过 NH_3；在时空分布上，SO_2 和 NO_x 排放源分布广而氨源主要是地面源，在大气中的停留时间较短，一般传输距离不会超过 50 km。所以，在控制 SO_2 和 NO_x 排放的同时，如有针对性地对 NH_3 的排放加以控制，可能对二次粒子的控制起到事半功倍的作用。[①] 因此，很有必要对北京地区氨的排放源与排放量以及氨对大气中二次粒子生成的影响进行研究。

北京及近周边城市污染源清单和敏感源筛选课题得到北京、石家庄和唐山监测点位氨排放清单，排放源包括人、牲畜和化肥使用，其中人排放无季节变化。根据牲畜排放和化肥使用的月不均匀系数[②]，整理得出牲畜排放和化肥施用的氨排放季节贡献比例，见表 5-23。

表 5-23　各类氨排放源四季的排放比例　　　　　　　　　单位：%

季节	春	夏	秋	冬
牲畜	20.50	35.80	27.40	16.30
化肥	28.50	35.00	21.50	15.00

由表 5-23 可知，牲畜排放及化肥使用排放氨的季节变化率规律相似，均为夏季最高、春季次之，秋冬季节较低。

表 5-24　北京监测点位各类源铵盐四季的贡献率　　　　　单位：%

季节	春	夏	秋	冬
人	27.04	19.93	26.14	35.91
牲畜	36.68	47.23	47.40	38.73
化肥	36.28	32.84	26.46	25.36

表 5-25　石家庄监测点位各类源铵盐四季的贡献率　　　　单位：%

季节	春	夏	秋	冬
人	6.19	9.28	13.15	18.89
牲畜	30.78	37.18	40.29	34.44
化肥	63.03	53.54	46.56	46.68

表 5-26　唐山监测点位各类源铵盐四季的贡献率　　　　　单位：%

季节	春	夏	秋	冬
人	5.98	11.98	16.86	23.68
牲畜	28.01	33.13	35.68	29.82
化肥	66.01	54.90	47.46	46.51

由表 5-24～表 5-26 可知，北京、石家庄、唐山三地监测点位的铵盐贡献率均为化肥使用及牲畜排放贡献率较高，合计为 51.49%～70.29%，人排放贡献率较低。其中北京由于人口数量较大，城市化程度较高，导致人排放铵盐贡献率较高，分别为石家庄和唐山人排放贡献率的 2.29 倍及 1.86 倍。该结果与彭应登等对北京氨源排放状况以及氨对大气二次粒子生成的影响的分析结果较为一致[③]，结果表明：各种氨源的排放中，使用氮肥的贡

---

① Watson, et al. Ammonium nitrate, nitricacid, and ammonia equilibrium in winter time Phoenix, Arizona[J]. Air &Waste, 1994, (44)：406-410.

② 尹沙沙. 珠江三角洲人为源氨排放清单及其对颗粒物形成贡献的研究[D]. 广州：华南理工大学, 2011：43-45.

③ 彭应登, 杨明珍, 申立贤. 北京氨源排放及其对二次粒子生成的影响[J]. 环境科学, 2010, 11（6）：101-103.

献最大，占 41%，动物占 34%，人的贡献为 22%，污水处理厂占 2%，而合成氨和氮肥生产只占 1%。

③有机物解析

中国区域大气中的 OC 和 EC 主要有 3 个人为排放源，即燃煤、机动车尾气和生物质燃烧。据 Streets 估计，仅燃煤和机动车尾气占到了全年排放量的 83% 以上。[①]

为确定主要来源对碳气溶胶的贡献，研究采用了因子分析法对总碳（TC）的来源进行解析。OC、EC 分析测试中，在不同温度下加热使不同的碳组分转化为 CO_2，如 120℃（OC1）、250℃（OC2）、450℃（OC3）、550℃（OC4），EC1、EC2、EC3 分别于 550℃、700℃、800℃释放出来，OP 为 OC 碳化过程中形成的碳化物，即为裂解碳。OC=OC1+OC2+OC3+OC4+OP，EC=EC1+EC2+EC3–OP。其中 OC2、OC3、OC4、EC1 为汽油车尾气和燃煤的特征物质，EC2、EC3 为柴油车尾气的特征物质，OC1 为生物质燃烧的特征物质。曹军骥等对 2003 年西安秋冬季节大气中有机碳和元素碳进行来源分析，发现秋季汽油车和柴油车尾气排放分别占总碳的 73% 和 23%，生物质燃烧占 4%，冬季燃煤排放占 44%，汽油车和柴油车排放合计占 47%，生物质燃烧增加至 9%。[②] 张仁健等研究得出 2004 年北京冬季 PM_{10} 中 OC、EC 来源贡献为机动车 75%，燃煤 25%。[③]

由于因子分析方法的局限性，OC2、OC3、OC4、EC1 同为汽油车尾气和燃煤排放的特征物质，因此汽油车尾气和燃煤排放对总碳的贡献为混合源难以区分，以冬季燃煤贡献率为基准，按四季燃煤排放比例核算春、夏、秋三季燃煤对总碳的贡献率。

由图 5-20 可知，汽油车尾气和柴油车尾气贡献率合计为 61.395%～78.754%，除春季外，汽油车尾气贡献均高于柴油车尾气贡献，四季中，生物质燃烧贡献变化不大，为 15.396%～20.054%，冬季有燃煤排放，对 OC、EC 的贡献为 18.595%。与张仁健等研究得出 2004 年北京冬季 PM_{10} 中 OC、EC 来源贡献为机动车 75%、燃煤 25% 的结果接近。但是燃煤尘贡献稍有降低，反映出北京近年来节能减排的措施效果明显。

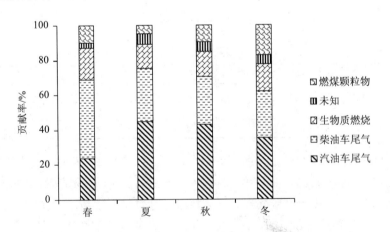

图 5-20 北京四季监测点位 $PM_{2.5}$ 各污染源对总碳的相对贡献

① Streets D G，Gupta S，Waldho S T，et al. Black carbon emissions in China[J]. Atmospheric Environment，2001，（35）：4281-4296.

② 曹军骥，李顺诚，李杨，等. 2003 年秋冬季西安大气中有机碳和元素碳的理化特征及其来源分析[J]. 自然科学进展，2005，12（12）：1460-1467.

③ 张仁健，石磊，刘阳. 北京冬季 PM_{10} 中有机碳与元素碳的高分辨率观测及来源分析[J]. 中国粉体技术，2007，（6）：1-8.

同样应用因子分析法对石家庄和唐山监测点位 $PM_{2.5}$ 中的碳组分进行四季的来源分析，结果见表 5-27 和表 5-28。

表 5-27 石家庄监测点位 $PM_{2.5}$ 因子分析 单位：%

季节	1	2	3	累积贡献
春	机动车 41.308	燃煤 33.286	生物质燃烧 20.573	95.167
秋	机动车 43.521	燃煤 20.753	生物质燃烧 26.981	91.255
冬	机动车 43.551	燃煤 27.474	生物质燃烧 23.867	94.892

表 5-28 唐山监测点位 $PM_{2.5}$ 因子分析 单位：%

季节	1	2	3	累积贡献
春	机动车 46.350	燃煤 25.461	生物质燃烧 20.018	91.829
夏	机动车 89.910	生物质燃烧 15.141		96.051
秋	机动车 38.757	燃煤 21.372	生物质燃烧 26.574	86.703
冬	机动车 36.344	燃煤 33.400	生物质燃烧 24.396	94.140

由表 5-27 和表 5-28 可知，石家庄和唐山监测点位的机动车对 OC、EC 的贡献低于北京机动车贡献，相应季节的燃煤贡献高于北京，生物质燃烧尘的贡献秋季最高、冬季次之、春季最低。唐山夏季未解析出燃煤贡献，机动车贡献率为 89.910%，可能与数据误差相关。

（2）综合分析

综上可知，$PM_{2.5}$ 中不同组分的来源不同，一次无机尘主要来源于土壤尘、燃煤及工业过程排放、机动车尘及垃圾燃烧尘；二次无机尘主要包括 SO_4^{2-}、NO_3^-、NH_4^+，且不同的二次离子来源也有较大差异；OC、EC 有机尘主要来源于机动车、燃煤排放及生物质燃烧，且不同组分的来源随季节发生不同变化。

为比较 $PM_{2.5}$ 各种源的相对贡献率，首先将不同组分的来源归一化。统一划分为土壤尘、燃煤及工业过程排放、机动车尘、垃圾及生物质燃烧尘、人及牲畜、化肥使用。针对二次无机尘中 SO_4^{2-}、NO_3^- 的排放源做合并计算，根据源清单统计计算方法，可将电力、建材、化工、冶金、其他工业及居民面积加和作为燃煤及工业过程贡献，由于非道路移动源贡献较小，因此不予考虑，将其按比例分摊至燃煤及工业过程和机动车的贡献，所以对 SO_4^{2-} 的贡献可认为 100% 来自燃煤及工业过程，对 NO_3^- 的贡献为燃煤及工业过程和机动车（道路移动源）。

基于 5.1.3 中计算的 $PM_{2.5}$ 的组分分析，可估计 $PM_{2.5}$ 的来源贡献。结果如表 5-29 所示。

表 5-29 北京地区 $PM_{2.5}$ 的来源 单位：%

来源	土壤尘	燃煤及工业	机动车	垃圾及生物质燃烧	化肥使用	人及牲畜
春	33.36	20.42	29.51	6.13	3.84	6.75
夏	12.63	34.11	31.93	4.07	5.66	11.59
秋	14.73	25.13	41.82	7.66	2.82	7.84
冬	15.41	36.51	29.76	5.63	3.22	9.46

由表 5-29 可知，北京地区四季 $PM_{2.5}$ 的来源排序，春季对北京地区 $PM_{2.5}$ 的源贡献由大到小依次为土壤尘、机动车、燃煤及工业、人及牲畜、垃圾及生物质燃烧、化肥使用；夏季对北京地区 $PM_{2.5}$ 的源贡献由大到小依次为机动车、燃煤及工业、土壤尘、人及牲畜、化肥使用、垃圾及生物质燃烧；秋季对北京地区 $PM_{2.5}$ 的源贡献由大到小依次为机动车、燃煤及工业、土壤尘、人及牲畜、垃圾及生物质燃烧、化肥使用；冬季对北京地区 $PM_{2.5}$ 的源贡献由大到小依次为燃煤及工业、机动车、土壤尘、人及牲畜、垃圾及生物质燃烧、化肥使用。

表 5-30 石家庄地区 $PM_{2.5}$ 来源综合分析   单位：%

来源	土壤尘	燃煤及工业	机动车	垃圾及生物质燃烧	化肥	人及牲畜
春	47.94	23.38	16.68	6.90	3.22	1.88
秋	11.35	34.64	28.65	14.29	5.15	5.92
冬	16.81	33.12	27.52	12.77	4.61	5.26

注：石家庄地区夏季样品仅为 2 个，样本量太少不能运用因子分析法进行一次无机物及有机物的来源分析，故只有春、秋、冬季的解析结果。

表 5-31 唐山地区 $PM_{2.5}$ 来源综合分析   单位：%

来源	土壤尘	燃煤及工业	机动车	垃圾及生物质燃烧	化肥	人及牲畜
春	23.40	36.21	21.33	6.65	8.19	4.22
夏	14.00	40.07	25.06	4.41	9.04	7.43
秋	11.47	41.33	21.27	11.50	6.85	7.58
冬	18.35	37.99	20.18	12.01	5.33	6.14

由于石家庄和唐山地区无 $PM_{2.5}$ 土壤尘外来源贡献值，因此不对石家庄和唐山地区的 $PM_{2.5}$ 来源进行综合排序，因为石家庄和唐山与北京同属华北地区城市，外来源输送随季节的变化规律可认为一致，综合石家庄和唐山的 $PM_{2.5}$ 组分分析及来源分析结果，石家庄和唐山地区的 $PM_{2.5}$ 来源排序应总体一致，其中石家庄和唐山地区的土壤尘、燃煤及工业过程贡献应稍高于北京。

因此，对华北地区典型城市 $PM_{2.5}$ 的控制主要是对机动车、燃煤及工业过程源排放的控制，外来源的贡献也不能忽视，地区间要采取联防联控措施共同削减相应的源排放。

5.3.2 重污染时段颗粒物行业来源分析

（1）源解析方法

由于 PMF 软件对输入的样本数量有较高要求，为避免出现因数据量不足产生较大误差，因此不应用 PMF 正交矩阵因子分解法对重污染时段的数据进行源解析，使用因子分析法对三地静稳型污染时段及沙尘型污染时段进行 $PM_{2.5}$ 的来源分析。对采样期间捕捉到的重污染过程按静稳型与沙尘型进行分析，对两种类型的重污染分别进行来源分析。

（2）源解析结果

将北京地区污染天气因子分析结果列表如下。

表 5-32　北京监测点位污染天气 PM$_{2.5}$因子分析　　　　单位：%

污染类型	1	2	3	4	累积贡献
静稳型	燃煤及工业 43.089	土壤尘 32.257	机动车尘 12.600		87.954
沙尘型	土壤尘 40.805	燃煤工业尘 34.567	机动车尘 12.305	垃圾燃烧尘 7.719	95.397

无论是静稳型重污染还是沙尘型重污染，对 PM$_{2.5}$中的一次无机粒子解析得到的 PM$_{2.5}$来源种类基本一致，均为土壤尘、燃煤及工业过程排放、机动车尘及垃圾燃烧尘。这与常规时段的解析结果保持一致。

对北京监测点位的静稳型重污染时段与沙尘型重污染时段的结果进行比较发现，静稳型重污染时段燃煤及工业过程排放贡献比例最大，高于沙尘型重污染时段 8.522%，沙尘型重污染时段则是土壤尘贡献比例最大，为 40.805%。机动车尘所占比例差异不大，为 12.305%～12.600%。分析其原因静稳型重污染多发生在秋冬季节，多为采暖季，沙尘型重污染则多发生在春季，春季只有 3 月 1—15 日处于采暖季，因此静稳型重污染时段比沙尘型重污染时段的燃煤及工业排放大。

表 5-33　石家庄监测点位污染天气 PM$_{2.5}$因子分析　　　　单位：%

污染类型	1	2	3	累积贡献
静稳型	土壤尘 39.768	燃煤及工业 33.724	机动车尘 13.469	86.961
沙尘型	土壤尘 47.478	燃煤及工业 27.444	机动车尘 15.415	90.337

表 5-34　唐山监测点位污染天气 PM$_{2.5}$因子分析　　　　单位：%

污染类型	1	2	3	4	累积贡献
静稳型	燃煤及工业 37.144	土壤尘 19.653	机动车尘 16.920	垃圾燃烧尘 13.953	87.681
沙尘型	土壤尘 29.976	燃煤工业尘 28.415	机动车尘 20.432	垃圾燃烧尘 12.768	92.122

表 5-33 和表 5-34 分别为石家庄和唐山监测点位污染时段 PM$_{2.5}$源解析结果，分析石家庄及唐山监测点位污染天气 PM$_{2.5}$的来源发现，静稳型污染天气及沙尘型污染天气各城市呈现出一致的规律性，但是各来源的贡献率大小有所变化，石家庄的土壤尘所占比例高，为 39.768%～47.478%，唐山燃煤及工业过程所占比例高，为 28.415%～37.144%。

（3）常规时段与重污染时段解析结果对比

由于对二次无机尘的解析基于确定的源清单数据，而源清单的统计以年为基本单位，可以依据季节排放比例对不同季节进行无机二次尘的来源分析，但是不能具体到某一天或某一过程，即无法确定具体日期的源清单排放，因此不能用源清单比例分配的方法对污染时段的二次无机粒子进行来源分析。本书定性分析污染时段二次无机尘及二次有机尘的贡献比例。对比污染时段和常规时段 PM$_{2.5}$的组分发现，静稳型重污染三地二次组分占 PM$_{2.5}$的 67.27%～69.40%，北京最高，石家庄次之，唐山最低，均高于相应季节的二次组分贡献率，可见静稳型污染时段二次转化比例升高，二次尘的贡献率也随之提高，二次尘对环境及人体健康造成的影响也更有严重；沙尘型污染三地一次组分，尤其是土壤尘组分所占比例显著提高，介于51.62%~74.89%之间，石家庄最高，北京次之，唐山最低。

（4）$PM_{2.5}$、PM_{10}对比分析

对华北地区典型城市进行其大气颗粒物$PM_{2.5}$和PM_{10}的来源对比分析，由于PM_{10}未用石英膜采集样品，缺少PM_{10}样品的OC、EC相关数据，曹军骥等研究得出2003—2004年秋冬季总碳气溶胶，即有机物与元素碳之和在PM_{10}中的比例低于其在$PM_{2.5}$中的比例，分别为35.75%和47.37%。因此PM_{10}中OC、EC的来源（机动车、燃煤等）贡献率应稍低于机动车与燃煤在$PM_{2.5}$中的来源比例。利用源清单比例估算法得出的SO_4^{2-}、NO_3^-、NH_4^+无法确定3种二次离子来自$PM_{2.5}$和PM_{10}的比例，因此根据SO_4^{2-}、NO_3^-、NH_4^+二次离子在粗细粒子中的存在比例可定性分析SO_4^{2-}、NO_3^-、NH_4^+相应来源的贡献大小。二次离子多富集于$PM_{2.5}$细粒子中，二次粒子所占比例大，对应的燃煤及工业过程、机动车贡献率高于PM_{10}粗粒子。

$PM_{2.5}$、PM_{10}中各组分具有一致的季节变化规律，因此不另做PM_{10}各组分的季节来源分析，以北京监测点位为例进行$PM_{2.5}$与PM_{10}的一次无机组分来源分析，因子分析结果见表5-35。

表5-35　北京监测点位$PM_{2.5}$、PM_{10}因子分析　　　　　　单位：%

对象	1	2	3	4	累积贡献
$PM_{2.5}$	土壤尘 30.258	燃煤工业尘 24.156	机动车尘 13.850	垃圾燃烧尘 12.324	80.588
PM_{10}	土壤尘 36.996	燃煤工业尘 21.836	机动车尘 11.854	垃圾燃烧尘 10.927	81.612

由表5-35可知，$PM_{2.5}$与PM_{10}的来源排序均为土壤尘、燃煤及工业尘、机动车尘和垃圾燃烧尘，但是各源的贡献率大小有一定差异，$PM_{2.5}$中土壤尘的贡献率低于PM_{10}中土壤尘的贡献率，相差6.738%，$PM_{2.5}$中燃煤及工业尘、机动车尘和垃圾燃烧尘的贡献率均高于相应源对PM_{10}的贡献率，分别相差2.32%、1.996%和1.397%。该结果正与土壤尘中主要元素Ca、Fe、Al、Mg、Ti在PM_{10}粗粒子中富集程度大，燃煤及工业尘、机动车尘及垃圾燃烧尘的主要组分SO_4^{2-}、NO_3^-、NH_4^+、S、Cl^-、Zn、Pb、F^-、Cu、Cr等在$PM_{2.5}$细粒子富集程度大互为支撑。

根据5.2.2中进行的污染时段$PM_{2.5}$与PM_{10}组分分析可知，与沙尘型污染时段相比，静稳型污染时段PM_{10}中二次组分的各来源的贡献比例较高，但其比例绝对值低于相应时段的$PM_{2.5}$的来源贡献。同理，沙尘型污染时段PM_{10}中土壤尘的贡献比例高于静稳型污染时段，其比例绝对值则高于相应时段的$PM_{2.5}$来源贡献。

第6章 区域污染物传输与重污染气象特征研究

为系统地研究区域重污染的发生发展规律，找出环境空气质量与气象要素、天气形势、地形条件等因素的响应关系，本书利用追踪气团轨迹、聚类分析和通量梯度识别技术等多种方法建立了常驻性污染物输送通道识别模式，得到了北京及周边地区常驻性污染物输送通道。并基于研究建立的敏感源识别技术方法确定了影响北京市地区的重点敏感地区排序。同时利用天气型诊断分析和统计方法，对形成重污染的天气形势及其演变趋势进行综合分析，研究发现了区域大气重污染形成的一般性规律，深化了影响北京及周边地区的大气污染物输送、汇聚规律与区域性大气重污染形成特征的研究。

6.1 大气污染物的区域输送汇聚规律研究

输送通道是指空间和时间稳定性风带，是区域尺度、局地尺度的范围内相继出现的欧拉风场，具有一定空间尺度和时间尺度的相继性、接续性输送特征，且有多频率发生的特征。本书分别利用轨迹聚类分析和通道梯度识别的方法对华北地区的污染物输送、汇聚方式进行了研究，得到了以北京市中心为目标点的华北地区主要输送路径，同时利用数值模式对该结果进行了验证与分析。

6.1.1 基于轨迹聚类分析方法的污染物输送路径研究

（1）轨迹聚类分析方法介绍

区域污染物输送通道从微观上可视为大量空气微团的运动路径或运动轨迹输送通道，可以用地图上的一系列坐标点表示。

$$T_i = \{(x_{i1}, y_{i1}) \cdots (x_{in}, y_{in})\} \qquad (6\text{-}1)$$

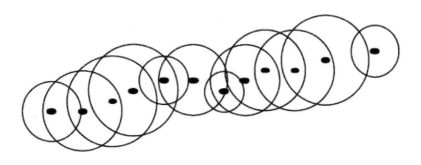

图 6-1 单个粒子的运动轨迹

污染物输送通道可以表示为影响目标区域的、在空间和时间上具有统计意义的大量轨迹束的集合。

$$C(T) = (T_i) \quad i \in (1, n) \tag{6-2}$$

聚类分析是按研究对象数量特征的亲疏关系对其进行客观分类的数学方法。由于大气环境是一个多因素耦合的复杂动态系统，环境质量同时具有精确性与模糊性。因此，运用聚类方法建立模型，以此为算法技术进行可视化编程，可以作为确定污染物输送通道的一般方法加以应用。以各空间监测点位置为纵坐标，以各空间监测点的目标污染物三维监测数据和气象数据为横坐标，建立原始数据矩阵；将原始矩阵标准化，进而对区域污染输送通道特征进行识别。建立标准化矩阵的相似关系矩阵，运用聚类分析的数学方法，将污染性质与输送轨迹相似度大、综合差异较小的空间单元分别聚合成类，而将污染性质与输送轨迹相似度小、综合差异较大的空间单元区分为不同的类，从而客观地将整个研究区域进行聚类分析，确定区域污染输送通道。

目前常用的聚类算法有：划分方法、层次方法、基于密度的方法、基于网格的方法和基于模型的方法。*K*-means 聚类，是一种被广泛应用于科学研究和工业应用中的经典的基于划分的聚类算法。*K*-means 算法是聚类分析中一种被广泛应用的启发式划分方法，具有简单、快速的优点。

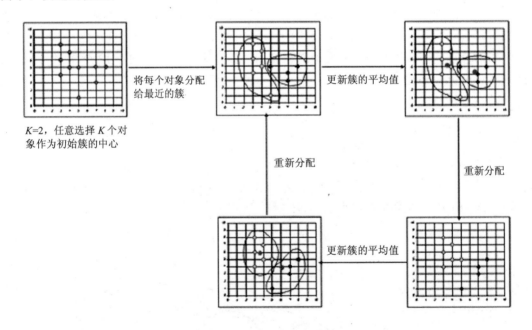

图 6-2　二维空间的 *K* 均值聚类

基于 *K* 均值聚类算法，按空气污染物输送轨迹传输的方向和速度对影响目标城市的典型污染物输送完成轨迹聚类，依据污染物在空气中的整个传输过程的运动信息，通过聚类分析初步确定了污染物输送特征及敏感区域。对于每条轨迹，12 组 *x*–*y* 坐标（轨迹终点的逐时经纬度坐标）被作为轨迹聚类算法的输入变量，轨迹特征如下式所示：

$$\text{Trajectory}_{(hourl)} = \begin{pmatrix} \text{long}_1 & \text{lat}_1 \\ \vdots & \vdots \\ \text{long}_{12} & \text{lat}_{12} \end{pmatrix} \qquad (6\text{-}3)$$

①初始化聚类中心

假设聚类数为 k，随机选取一条轨迹作为第 1 类的初始中心 Traj_{mean}（1），然后在剩下的 $k-1$ 类轨迹中选取一类作为第 2 类的中心 Traj_{mean}（2），设定阈值（σ），使其到第 1 类中心的距离大于 σ。同理，在剩下的 $k\text{-}2$ 类轨迹中选取第 3 类的中心 Traj_{mean}（3），使其到前 2 类的中心距离均大于 σ，依此类推。

②确定各轨迹所属的类

所有轨迹被分到与类中心 Traj_{mean}（i）距离最近的类。轨迹间的距离采用马氏距离进行计算。

③调整聚类中心

得到对应每类的轨迹个数 C_1，C_2，$\cdots$，C_k。应找出每一类的所有轨迹，并寻找新的聚类中心，使其到该类内所有轨迹的距离之和最小。

重复②和③节步骤，直到连续 2 次的迭代结果（即聚类中心）不再发生变化为止，此时的中心就是聚类中心，各类中的轨迹就属于同一类。K 均值轨迹聚类的流程如图 6-3 所示。

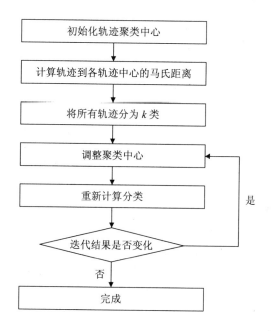

图 6-3　K 均值轨迹聚类流程图

完成轨迹聚类后，计算每类轨迹的中心，轨迹中心由下式计算，其中，k 代表每类轨迹中的轨迹数，n 代表轨迹持续时间（小时）。轨迹来向区域即为对目标城市的敏感区域。

$$\text{Traj}_{\text{mean}} = \begin{pmatrix} \dfrac{\sum\limits_{i=1}^{k}\text{long}_{i,1}}{k} & \dfrac{\sum\limits_{i=1}^{k}\text{lat}_{i,1}}{k} \\ \vdots & \vdots \\ \dfrac{\sum\limits_{i=1}^{k}\text{long}_{i,n}}{k} & \dfrac{\sum\limits_{i=1}^{k}\text{lat}_{i,n}}{k} \end{pmatrix} \tag{6-4}$$

采用 NOAA 美国国家海洋大气研究中心空气资源实验室的轨迹模式（HYSPLIT4，Version4.8）进行目标区域气流来向轨迹模拟。模式初始气象场由中尺度数值模式 MM5 提供。通过对目标区域大气环流场的模拟计算，对模拟输出的轨迹特征数据进行标准化处理及关键程序编制，开发模式输出结果与轨迹聚类分析模块的数据接口。基于 K 均值聚类算法，按空气污染物输送轨迹传输的方向和速度对影响目标城市的典型污染物输送完成轨迹聚类，依据污染物在空气中的整个传输过程的运动信息，通过聚类分析初步确定污染物来源及其输送特征。通过轨迹的图形化输出接口模块，实现聚类结果的可视化输出。系统可在常规污染气象分析的基础上，通过输入常驻性污染物输送型的可能区域个数（期望聚类数），图形化显示输送通道在指定时间内的空间分布情况。系统主要流程如图 6-4 所示。

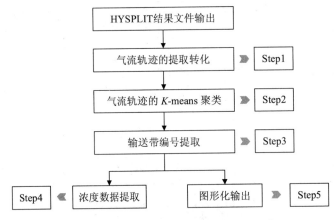

图 6-4　输送通道识别系统流程

（2）轨迹聚类分析方法确定华北地区输送路径

以华北地区重点城市——北京市为轨迹模拟目标点，利用 HYSPLIT 模型模拟了 2002 年四季代表月的目标点（39.92°N，116.46°E）300 m 高度处气流 24 h 后向轨迹，轨迹计算初始点的高度与华北地区区域污染输送的一般高度相对应。应用 MM5 气象提供 HYSPLIT 所需的气象背景场，模式的初始和边界资料采用 NCEP（1°×1°）6 h 1 次的再分析格点资料和地面探空常规观测资料，以及美国地质勘探局（USGS）的 30 s 分辨率（约 0.9 km×0.9 km）地形高度资料。本书利用 K 均值聚类算法将所有轨迹按其移动的速度和方向划分为 5 类，并计算了每类轨迹的平均轨迹，以北京市中心为目标点的华北地区污染物输送路径聚类结果如图 6-5 所示。

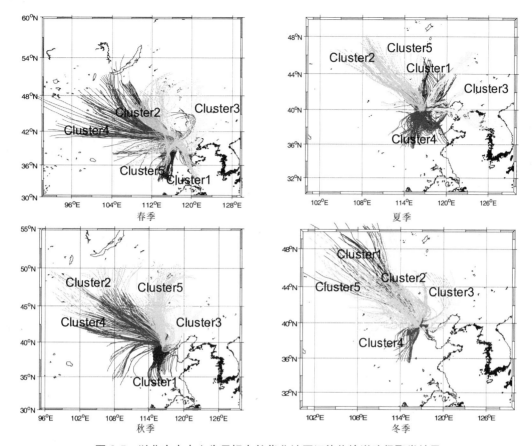

图 6-5　以北京市中心为目标点的华北地区污染物输送路径聚类结果

结果表明，以北京市为目标点的华北地区污染物主要输送路径为：源自山西东部和河北南部，经由河北省到达北京的西南输送路径；源自蒙古及内蒙古地区到达北京的西北输送路径和源自北部山区的偏北和东北输送路径。

为分析每类输送路径对北京市空气质量的影响，选取北京市城区 7 个国控监测站（车公庄、古城、前门、农展馆、天坛、东四、奥体）的日均值代表北京市的 PM_{10} 水平，计算了每类输送出现时段北京市 PM_{10} 的平均浓度和平均风速。各输送带出现频率和北京市的 PM_{10} 浓度如表 6-1 所示。

由表 6-1 可以看出，各季西南输送路径出现频率均较高，且西南输送路径出现时段往往对应着北京市 PM_{10} 的较高水平。这些轨迹大部分源自北京以南地区，也有一些源自北京以北地区，这些由北向南移动的轨迹在到达北京以南地区之后掉转方向，然后和其他轨迹一起往北京汇合。气流携带着污染物沿轨迹移动方向由南往北向北京市输送，造成北京市 PM_{10} 浓度的升高。

将西南输送路径出现时的北京市 PM_{10} 平均浓度与各季的 PM_{10} 平均浓度作比较，发现夏季西南输送时的 PM_{10} 平均浓度比月平均高出 48%，秋季、冬季西南输送时，PM_{10} 平均浓度分别比月平均高出 50% 和 20%，春季由于有明显的沙尘过程，PM_{10} 浓度与月平均值相当。表明西南输送路径是导致颗粒物污染的主要输送路径，控制西南输送路径上的排放源对华北地区空气质量的改善具有重要意义。

表 6-1   北京市四季各输送带出现频率 PM$_{10}$ 浓度

季节	聚类	频率/%	方位	PM$_{10}$ 浓度/（μg/m^3）
春季	Cluster1	40.63	SW[1]	243.1
	Cluster2	21.13	N	132.88
	Cluster3	8.93	NE	102.10
	Cluster4	13.39	NW	543.27（沙尘）
	Cluster5	15.92	SW[2]	256.76
夏季	Cluster1	28.74	N	46.95
	Cluster2	8.05	NW[1]	167.31
	Cluster3	11.49	NE	65.76
	Cluster4	44.54	SW	195.02
	Cluster5	7.18	NW[2]	146.08
秋季	Cluster1	32.95	SW	243.78
	Cluster2	9.1	NW[1]	209.14
	Cluster3	14.88	NE	82.2
	Cluster4	17.92	NW[2]	182.61
	Cluster5	25.15	N	58.69
冬季	Cluster1	11.3	NW[1]	154.33
	Cluster2	27.00	N[1]	143.21
	Cluster3	11.85	N[2]	134.3
	Cluster4	22.31	SW	187.87
	Cluster5	27.55	NW[2]	145.46

注：[1] 较远距离的输送；[2] 较近距离的输送。

（3）西南输送时段的输送过程分析

图 6-6 显示了西南风输送时段所有的 24 h 后向轨迹。大部分轨迹源自北京以南地区，但也有一些源自北京以北的内蒙古地区。这种现象是合理的，因为这些由北向南移动的轨迹在到达北京以南地区之后掉转方向，然后和其他轨迹一起往北京汇合。

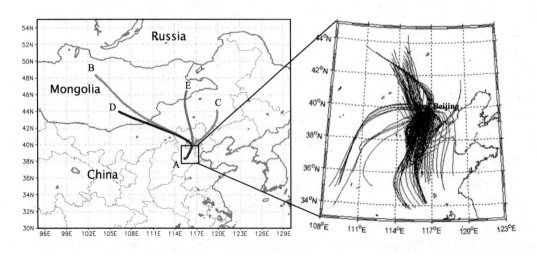

图 6-6   2002 年 10 月华北地区影响北京的 5 类主要输送路径和西南输送路径 A 中的所有轨迹

将西南输送时段的所有 7 个输送过程做进一步的分析，以分析西南输送型的特征及其对北京市空气质量的影响。表 6-2 为各西南风输送出现时段及其对应的北京市 PM_{10} 平均浓度、PM_{10} 浓度变化量和平均风速。这种输送往往会持续一段时间，并反复出现。可以看出，其中最短的过程持续了 11 h，最长的持续了 3 d。7 个输送过程中 6 个输送过程出现时段对应的北京市 PM_{10} 平均浓度超过了国家二级标准（150 μg/m³，代表"轻微污染"），其中的 2 个过程超过了国家四级标准（250 μg/m³，代表"重污染"）。所有 7 个过程均对应着 PM_{10} 浓度的上升。表 6-2 展现了北京市 2002 年 10 月的 PM_{10} 小时浓度变化情况，其中实线线段代表西南风输送时段的 PM_{10} 变化。显然，北京市 2002 年 10 月的 PM_{10} 污染过程与西南输送密切相关。

表 6-2 西南风输送出现时段及 PM_{10} 污染情况对应表

	西南输送时段 （起时间—止时间）	PM_{10} 浓度平均值/ （μg/m³）	ΔPM_{10} 浓度/ （μg/m³）	平均风速/ （m/s）
过程 1	2002-10-3 22:00—2002-10-4 9:00	177.80	6.71	1.5
过程 2	2002-10-7 23:00—2002-10-10 23:00	286.28	431.4	1.36
过程 3	2002-10-11 15:00—2002-10-12 3:00	380.47	127	0.6
过程 4	2002-10-13 15:00—2002-10-14 4:00	189.32	204.5	1.67
过程 5	2002-10-15 18:00—2002-10-17 20:00	235.73	152.39	2.06
过程 6	2002-10-22 8:00—2002-10-22 21:00	81.88	50.5	0.83
过程 7	2002-10-28 21:00—2002-10-29 23:00	219.49	283.38	1.60

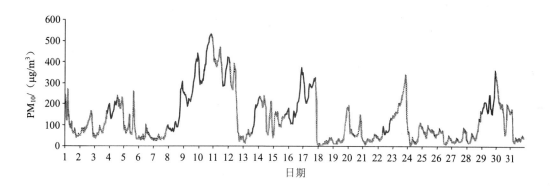

图 6-7 北京市 2002 年 10 月 PM_{10} 小时变化情况

西南输送是在西北山风和西南平原风形成的辐合流场作用，污染物自周边地区被输送到辐合区域形成辐合输送，形成太行山前的 PM_{10} 高浓度输送区域。污染物从上游的污染城市逐渐被输送到下游区域，造成北京市 PM_{10} 的严重污染。图 6-8 为 2002 年 10 月北京、石家庄、太原三地的 API 变化趋势。其中北京和石家庄位于通道的辐合区内，山西位于输送源头地区。可以看出，三地呈现出相似的变化趋势。但在西南输送（过程 2、过程 5）形成的重污染过程出现时段，输送路径内北京与石家庄的污染程度明显大于输送路径外的山西地区，这表明污染物的辐合输送对输送路径内污染物浓度的升高作用显著。

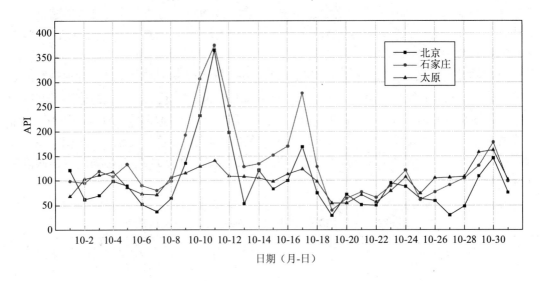

图 6-8 北京、石家庄、太原 API 变化趋势

6.1.2 基于通量梯度识别技术的污染物输送路径研究

（1）通量梯度识别技术方法介绍

采用 CMAQ 或 CAMx 等污染传输模式对目标区域典型季节代表月的空气质量三维模拟。基于对所研究区域模式模拟的三维空间网格划分情况，利用轨迹聚类分析的研究结果，按污染物输送特征的不同将整个时段分为若干时间段，对每类输送带出现时间的目标污染物浓度分布及通量分布情况进行三维模拟计算，建立目标污染物浓度和通量的三维矩阵。

其中输送通量被定义为模式各空间网格点风矢量与目标污染物浓度的乘积，南北输送通量的定义为：

$$\text{flux}(Z)_{S-N} = \rho(\text{PM}_{10})_z \times V(Z) \qquad (6\text{-}5)$$

东西输送通量的定义为：

$$\text{flux}(Z)_{E-W} = \rho(\text{PM}_{10})_z \times U(Z) \qquad (6\text{-}6)$$

这里，$\rho(\text{PM}_{10})_z$ 的单位为 μg/m³；$V(Z)[U(Z)]$ 为风速的南北（东西）向分量，$V>0$ 为南风（西风）分量，$V<0$ 为北风（东）分量，风速单位是 m/s；气溶胶输送通量 flux(Z) 单位是 μg/（m²·s）。flux(Z)>0 表示由南向北（由西向东）输送的气溶胶通量，flux(Z)<0 表示由北向南（由东向西）输送的气溶胶通量。

垂直切面内任意网格的 PM_{10} 输送通量梯度 GradFlux 如下式所示：

$$\text{Flux}_{i,j} = \rho(\text{PM}_{10}) \times \sqrt{U^2 + V^2} \qquad (6\text{-}7)$$

$$\text{Grad}_{\text{Flux}} = \sqrt{(\text{Flux}_{i+1,j} - \text{Flux}_{i,j})^2 + (\text{Flux}_{i,j+1} - \text{Flux}_{i,j})^2} \qquad (6\text{-}8)$$

以目标污染物浓度梯度和通量梯度为判据，将浓度梯度下降较显著的区域作为输送通道的可能边界区域，初步研究确定了区域典型污染输送通道最易出现的方位、时段，并定量计算了通道的输送强度、持续时间和时空分布特征。

（2）通量梯度识别技术确定华北地区输送路径

利用 Models-3/CMAQ 数值模式系统对每个代表月进行连续模拟计算。利用 NCAR/Penn State 的中尺度 MM5 模型为 CMAQ 提供气象背景场。研究区域设置为两层嵌套网格，格距分别为 12 km 和 36 km。外层区域 49×49 个网格覆盖了中国北方的大部分区域，内层区域 70×76 个网格包含了北京及其周边的关心区域。基于上述三维网格划分，建立北京及其周边地区的 PM_{10} 浓度和通量的三维矩阵。利用基于模糊聚类识别技术对北京四季代表月后向输送轨迹的聚类结果，以 PM_{10} 浓度和通量梯度为判据，初步确定影响北京地区的典型输送通道的空间分布和持续时间。除浓度和通量梯度外，考虑到污染物输送通道上的污染物浓度较高，又加入了浓度限制条件。

模式通量识别软件模块分别对垂直各层的输送通道进行自动识别并实现输送通道的三维立体输出。以下以污染物的西南方向输送为例，展示利用浓度与通量梯度计算方法确定的污染物输送通道。

图 6-9 为输送通道垂直各层的输出结果，图 6-10 和图 6-11 分别为利用浓度梯度识别和通量梯度识别得到的影响北京地区秋季的输送通道识别结果。

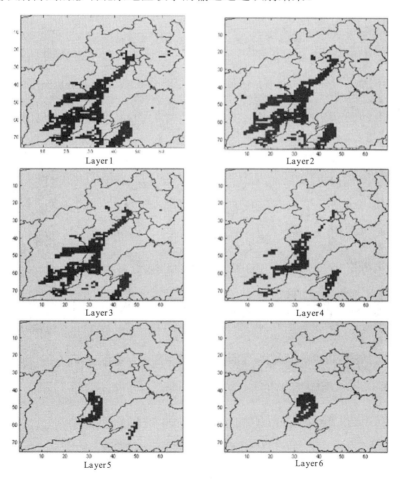

图 6-9　模式垂直各层的输送通道识别结果

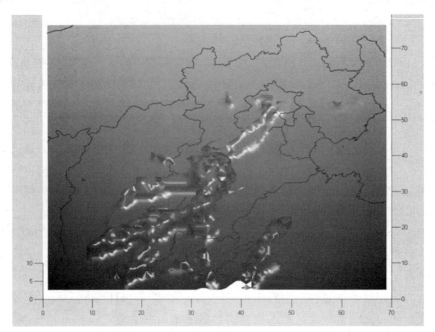

注：识别条件为 PM$_{10}$浓度梯度 ≥ 4 μg/m^3，PM$_{10}$浓度 ≥ 50 μg/m^3。

图 6-10   影响华北地区的西南输送通道

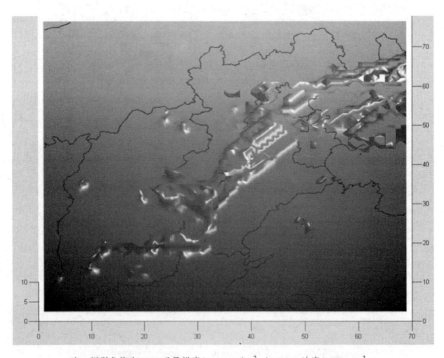

注：识别条件为 PM$_{10}$通量梯度 ≥ 20 μg/（m^2·s），PM$_{10}$浓度 ≥ 60 μg/m^3。

图 6-11   影响华北地区的西南输送通道

6.1.3 输送路径的数值模拟验证与分析

利用 NCAR/Penn State 的中尺度气象模型 MM5 为 CMAQ 提供气象背景场。研究区域设置为两层嵌套网格，格距分别为 12 km 和 36 km。如图 6-12 所示，外层区域 49×49 个网格覆盖了中国北方的大部分区域,内层区域 70×76 个网格包含了北京及其周边的关心区域。CMAQ 垂直 12 层由 MM5 的 35 个 sigma 层削减得到。MM5 模型的三维气象第一初始场来自美国国家环境预测中心的 1°×1°分辨率 6 h 的全球对流层分析数据。中国气象局提供的气象观测数据被用作数据同化。将 MM5 模拟结果与气象观测数据对比验证，发现二者之间的契合度较好。

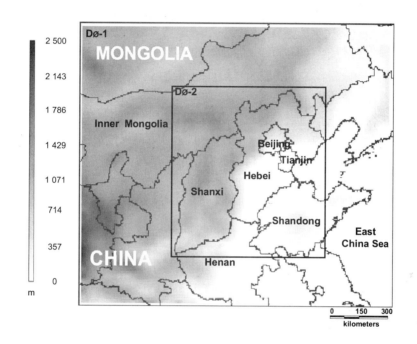

图 6-12　北京及其周边省份地形趋势及模型嵌套区域

污染源数据包括由北京市环保局获得的相对详尽的空气污染物（包括大部分所需污染物）排放清单和由各省（市、区）环保部门获得的区县分辨率的北京周边地区污染物（污染物较少，主要是 PM 和 SO_2）排放清单。除此之外，周边省（市、区）的 NO_x 和非甲烷总烃排放源来自 Streets 等为 TRACE-P 准备的污染源清单，生物 VOC 排放清单由 GEIA 获得。这些排放清单由 SMOKE 模块处理得到 CMAQ 所需的高时空分辨率的排放输入数据。将 PM_{10} 模拟结果与监测数据作对比进行了模型验证，增加了模型的可信度。

通过对大量典型时段的模式计算结果分析发现，北京地区受西南方向污染物输送汇聚带的影响明显，在各季均存在明显的西南风型输送通道，在西南风输送通道的出现时段，北京市颗粒物浓度较高，通道对多个污染过程均有明显的浓度贡献。输送带位于河北省南部及中部地区，自邯郸沿太行山东麓经石家庄—保定一线向北京输送，持续时间一般为 10～20 h。综上，西南输送与大气颗粒物的重度污染有密切关系，西南输送发生的时段往往对应着华北地区 PM_{10} 浓度的上升。通过数值模拟结果的验证分析发现，伴随着高压天气型和逆温的太行山前输送汇，是造成污染的主要原因，由地形动力和热力作用形成的减压是输送汇聚形成的重要因素。

6.2 重污染时段敏感排放区域分析研究

敏感排放区域是单位排放污染源强对大气环境浓度贡献较大的排放区域。来自不同排放区域相同排放量的大气污染物对城市空气质量的贡献浓度水平受污染源方位、距离、区域地形、气象因素等条件的影响，其影响程度有所差异。通过对敏感程度较大的排放区域排放有针对性地实施消减和控制措施，尽量在敏感程度较小的排放区域布局污染较重的工业企业，可以在降低污染物空气质量浓度的同时，提高减排效率，通过较少污染物的减排措施获得较大幅度的空气质量提升空间，对于环境质量改善具有重要作用。尤其是对于对人体健康和社会活动都会产生严重影响的重污染情况，控制敏感排放区域将对城市空气质量的改善具有明显的效果。敏感排放区域的筛选需要用气象流场诊断分析与环境数值模拟相结合的方法进行。本书在气象流场和污染物输送特征诊断识别的基础上，定性识别对目标区域敏感的排放区域；通过选取有代表性的目标区域及 2007—2008 年重污染时段，利用具备不同特征污染物排放贡献识别功能的环境质量数值模型，结合三维气象和环境观测信息，研究相同环流背景下不同地区污染源强的敏感性模式识别方法和分析技术，计算北京及周边区域各地点单位源强排放对目标区域的平均浓度贡献，实现北京及周边地区敏感排放区域筛选识别的定性及定量评价。

6.2.1 技术方法

本书基于 MM5-CAMx 耦合模式平台，结合颗粒物来源识别技术，建立了 MM5–CAMx–PSAT 耦合模式系统，并将其应用于敏感区域筛选的定量分析研究。该模型系统框架如图 6-13 所示。

（1）颗粒物来源识别技术

颗粒物来源识别技术（Particulate Source Apportionment Technology，PSAT），以示踪（reactive tracer）方式获取有关污染物及前体物生成（或排放）和消耗的信息，跟踪其在大气传输过程中的转化情况，能够较好地模拟非线性的气象、化学过程，同步模拟分析不同地区、不同种类的污染源排放以及初始条件和边界条件对颗粒物生成的贡献，是敏感性分析和过程分析的综合方法。[①] 该方法能有效减少和避免误差的产生，并减少原始数据处理、模拟预测及后处理分析等过程的复杂性和繁琐性，减少模拟分析时间，提高模拟预测分析效率。

---

① Hartigan J A，Wong M A．A K—means clustering algorithm[J]．Applied Statistics，1979（28）：100-108；Yarwood G，Wilson G，Morris R．Development of the CAMx Particulate Source Apportionment Technology（PSAT）—Final Report. ENVIRON International Corporation，Noavto，California，USA，2005．

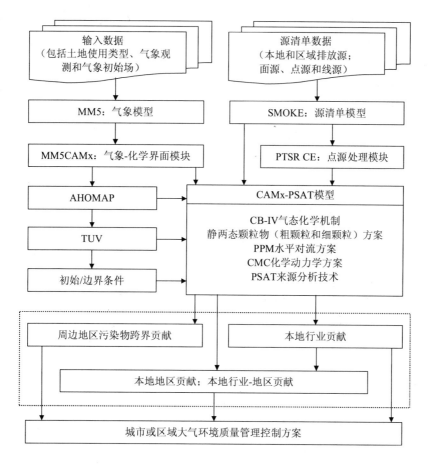

图 6-13　MM5-CAMx-PSAT 耦合模型框架图

（2）CAMx 模式

CAMx 模式（Comprehensive Air Quality Model with Extension）是三维网格欧拉光化学模式，该模式采用质量守恒大气扩散方程，以有限差分三维网格为架构，可模拟气态与粒状污染物；模拟的范围可从城市至大尺度区域。由求解各污染物的欧拉连续方程式，CAMx可模拟污染物在大气中排放、扩散、化学反应及沉降去除等作用。在紊流闭合方面，CAMx和其他模式一样，皆采取一阶闭合的 K 值紊流扩散系数方式进行。CAMx 采用了 state of the art 的光化学网格模式技术，包括双向嵌套网格机制、细网格尺度网格内烟流模块（subgrid scale Plume-in-Grid module PiG）、快速的化学运算模块、干湿沉降等。

（3）模式耦合技术

PSAT 技术与 CAMx 模型主程序进行同步计算，它采用反应示踪物方法对各类颗粒物的浓度进行来源贡献示踪分析。该技术与臭氧来源分析技术（如 OSAT、APCA）密切相关。对于以上 6 种类型的颗粒物，PSAT 技术为各类颗粒物（如硫酸盐颗粒）和对应的前体物（如 SO_2）都配置了反应示踪物。PSAT 技术对各类颗粒物的示踪与它们对应的前体物一致。

PSAT 技术将增大 CAMx 模型对 CPU、内存、硬盘储量的要求。与其他模拟方法如 zero-out 方法相比，PSAT 技术所要求的 CPU 和硬盘空间较小。PSAT 技术能够对以上 6 种类型的颗粒物进行单独示踪模拟，实现了对模拟资源条件的灵活性配置。例如，可以单独对硫酸盐颗粒，或硫酸盐颗粒+硝酸盐颗粒+铵盐颗粒进行示踪模拟，也可以对所有类型的颗粒物同时进行示踪模拟。

PSAT 技术通过对地理区域、排放类型、初始条件、边界条件进行定义和分类来示踪模拟 PM 前体物的浓度贡献。PSAT 技术要去对研究区域内的所有排放源都进行模拟分析，因此最简单的 PSAT 模拟分类为 3 组：初始条件、边界条件和所有排放源。通过对地理区域和排放类型，或边界条件（可分解为北部、南部、东部、西部、上部）的分类可获得更详细的 PSAT 模拟结果。

PSAT 技术通过对 CAMx 模拟网格的分类来设定地理区域，以此来代表按区县、州等来分类的地理区域。PSAT 技术通过给每种类型的排放源提供单独的排放源文件来对排放类型进行分类。

（4）MM5-CAMx-PSAT 应用技术方法

①气象信息及研究区域的气象模拟

调用基础数据平台收集整理得到的基准年研究区域内各气象台站各季代表月的气象观测数据，包括温、压、湿、风等各气象要素资料。利用 MM5、WRF 等中尺度气象模型提供目标城市的气象背景场。

②获取区域内所有污染源的排放信息

调用基础数据平台收集整理得到的区域内所有点源的详细排放信息，包括点源精度坐标和纬度坐标（要求精确到秒）、烟囱高度（m）、烟囱出口内径（m）、烟囱排气温度（K）、烟气流速（m/h）、烟气抬升高度（m，可通过计算得出）及各污染物排放量（颗粒物为 g/h，气态污染物为 mol/h），将点源编号。

③污染源排序及初步筛选

将研究区域内所有点源污染物排放信息按照特征污染物排放量从大到小排序，选取关心区域排放量较大的污染源，从大到小依次编号。

④污染源文件录入 CAMx 模型系统

通过源文件录入模块将点源信息转化成 MM5-CAMx 模型系统支持的格式，模型设置为 CBIV机制，污染物最终被转化成 22 种主要污染物种。

⑤研究区域划分及受体点设置

在研究区域内选定目标城市作为研究目标，研究分析周边污染源对该市的影响程度，以识别不同季节敏感源的位置。研究区域的划分方法依研究目的而定，可选用距离和气象因素作为主要影响因子来划分研究区域，也可将研究区域按行政区域划分，以分析区域间的污染相互影响。将各区域以数字形式编号，例如有 40 个区域，即分别编号为 1，2，…，40。将区域网格矩阵中对应于各区域的网格以其编号数字填满，最终做成数字形式的区域底图。将受体点信息写入文件"receptor"，写入格式为网格点的 x、y 格点数，如受体点为一区域，则将区域内所有格点依次写入。系统设置了多种受体输入形式，受体区域可以是由经纬度确定的点、某固定网格、几个网格的平均贡献和由边界确定的某个区域。

⑥敏感源计算

利用调试好的 CAMx 空气质量模型，计算各拟定模拟点的目标污染物对目标城市的贡献浓度。其中，PSAT 源示踪模块的主要参数设置位于 tracin 文件中。不断调整模拟点的源强，分析不同源强的污染源对受体贡献浓度的影响，确定不同季节、不同时段敏感源的位置及其对受体的影响程度。

6.2.2 参数设置

利用 MM5-CAMx-PSAT 耦合模式系统，对北京及周边地区进行敏感区域筛选及定量分析。筛选设置如下：从 2007 年、2008 年的北京市日均空气质量数据中筛选出 API 值高于 150 的非沙尘暴污染天气，考察来自不同排放区域相同排放量的大气污染物对城市空气质量的贡献浓度水平，以及由污染源方位、距离、区域地形、气象因素等条件的影响造成的敏感性差异。本书将北京 18 个行政区域作为研究对象，研究北京市各区县及周边地区单位源强对目标区域的影响程度（以北京市城区中心为中心，从各城区所在方位选择离该中心距离相等的网格区域内增加 5 万 t PM_{10}），以敏感因子（贡献浓度/排放强度）为指标进行北京地区敏感排放区域定量分析。

源强设置为：为使研究结果更有可比性，本书对同一距离级别的网格进行敏感性分析，使每个距离级别的网格假设产生等量的污染物排放。其中北京分为 4 个距离级别的网格，第一距离级别包括西城、东城、原崇文、原宣武，第二距离级别包括海淀、朝阳、大兴（北部）、丰台、石景山，第三距离级别包括昌平、顺义、通州、大兴（南部）、房山（东部）、门头沟（东部），第四距离级别包括延庆、怀柔、密云、平谷、房山（西部）、门头沟（西部）。北京市各城区方位源强示意见图 6-14。北京周边城市划分为 2 个距离级别的网格，第一距离级别包括承德、唐山、廊坊、保定、张家口 5 个城市，第二距离级别包括衡水、石家庄 2 个城市。北京周边城市源强示意图见图 6-15。

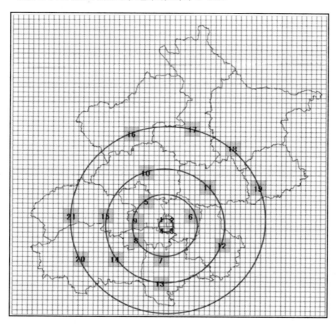

图 6-14 北京市各城区方位源强示意图

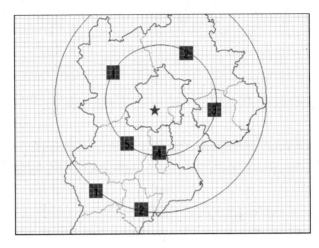

图 6-15　周边城市源强示意图

　　研究目标区域受体点需均匀分布以能代表研究对象整体空气质量水平。在北京市行政区域内选取均匀分布的网格 48 个,每个网格代表面积约为 $300~km^2$ 的目标区域。受体点网格分布示意图如图 6-16。

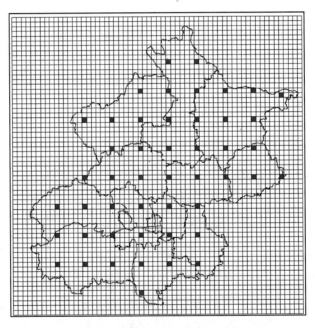

图 6-16　北京地区敏感性识别目标网格点分布

6.2.3　结果与分析

　　基于轨迹聚类及通量识别的定性分析,结合 2007 年、2008 年的气象场数据,利用北京各城区实际排放源进行模拟,通过 MM5-CMAx-PSAT 模式系统计算各城区单位排放源贡献浓度,得到常规天气下北京市各行政区针对一次污染物排放的平均敏感因子,如表 6-3 所示。

表 6-3　北京各行政区敏感因子

行政区	敏感因子/ [（μg/m³）/t]	敏感性排序	行政区	敏感因子/ [（μg/m³）/t]	敏感性排序
东 城 区	0.001 05	1	大 兴 区	0.000 65	10
西 城 区	0.001 04	2	通 州 区	0.000 57	11
崇 文 区	0.001 02	3	房 山 区	0.000 56	12
宣 武 区	0.000 94	4	昌 平 区	0.000 40	13
丰 台 区	0.000 89	5	门头沟区	0.000 37	14
石景山区	0.000 83	6	平 谷 区	0.000 35	15
朝 阳 区	0.000 74	7	延 庆 县	0.000 29	16
顺 义 区	0.000 69	8	怀 柔 区	0.000 28	17
海 淀 区	0.000 65	9	密 云 县	0.000 21	18

　　由结果可以看出，在常规天气下，城四区敏感因子值均较大，其中敏感因子值最大的是东城区，为 0.001 05（μg/m³）/t。即对于北京市整体而言，敏感因子值较大的地区主要集中在北京市中心城区。这主要由于其地处目标受体区域的中心地带，其单位排放造成的污染物浓度贡献在各方向气流出现的条件下对整个受体区域而言均较为明显，进而表现为排放等量污染物的前提下，敏感因子值较大的中心城区排放对整个北京地区的贡献较大。而敏感因子较小的地区依次是密云县、怀柔区、延庆县、平谷区、门头沟区，其中敏感因子值最小的是密云县，为 0.000 21（μg/m³）/t。敏感因子的大小受地理位置、气象条件、地形地貌等因素的综合影响。密云县地处北京北部距离较远的地区，北京边界层西南输送通道的下游地区，且当地森林覆盖率较高，年降水量较高，这些因素均有利于当地排放的污染物扩散及去除，从而不易对整个北京地区污染物浓度造成明显的贡献影响。北京 18 个区县的敏感因子中，最大值为最小值的 5 倍左右，即排放相同量的污染物，东城区的贡献浓度是密云县的 5 倍左右。因此，在制定空气质量控制方案时，应重点控制以及优先消减敏感因子值较大地区的排放源，新建、扩建项目布局应尽量考虑敏感因子值较小的地区。

　　北京及周边区域敏感地区筛选结果见表 6-4 和表 6-5。

表 6-4　北京市各级网格敏感性排序

级别		网格	G1	G2	G3	G4	
	一	所属区县	西城	东城	东城 （原崇文）	西城 （原宣武）	
		排序	3	4	2	1	
	二	网格	G5	G6	G7	G8	G9
		所属区县	海淀	朝阳	大兴	丰台	石景山
		排序	2	4	1	3	5
	三	网格	G10	G11	G12	G13	G14	G15
		所属区县	昌平	顺义	通州	大兴	房山	门头沟
		排序	6	1	5	2	3	4
	四	网格	G16	G17	G18	G19	G20	G21
		所属区县	延庆	怀柔	密云	平谷	房山	门头沟
		排序	2	1	6	3	5	4

表 6-5 北京周边城市敏感性排序

级别		网格	G1	G2	G3	G4	G5
	一	周边城市	张家口	承德	廊坊	唐山	保定
		排序	2	4	5	3	1
		网格	G6	G7			
	二	周边城市	石家庄	衡水			
		排序	1	2			

由表 6-4 可知，距离中心城区最近的一级距离上，网格 4 的敏感性排序最靠前，网格 4 位于西城（原宣武），即说明原宣武区单位排放的浓度贡献最高。其次分别是东城（原崇文）、西城、东城。该级别网格皆位于受体区域的中心，其单位排放造成的污染物浓度贡献在各方向气流出现的条件下对整个受体区域而言均较为明显，因此表现为敏感性较强。二级距离上，位于大兴区的网格 7 排序最靠前，即在该距离级别上大兴区单位排放的浓度贡献相对较高。三级距离上，排序排在前 2 位的网格分别位于顺义和大兴，排序最后的网格位于昌平区，即三级距离上顺义、大兴单位排放的浓度贡献较大，而昌平区单位排放的浓度贡献较小。本书统计了大兴、顺义、延庆、怀柔在重污染时段的风向频率，位于北京市北部的延庆和怀柔以西北风为主，位于东北部的顺义以北风为主，而位于南部的大兴以南风为主，上述 4 个区县的主导风向均使其排放的污染物被吹向北京市的主体区域，由此造成污染贡献敏感性的提升，这也与影响北京市空气质量的西南路径和西北路径输送密切相关。

同样，由表 6-5 可知，北京周边地区敏感性分析结果中，第一距离级别内，分别位于西南、西北输送通道的保定和张家口的敏感性较强，而承德和唐山敏感性较弱。同样，在第二距离级别内，石家庄的敏感性强于衡水。

6.3 基于天气型演变的重污染形成与消散机制研究

6.3.1 我国中纬度地区重污染形成规律研究

（1）环境过程与气压系统演变的对应关系

本书在华北地区多年的重污染过程中，选取了 50 次环境过程，逐一对各个过程的气压场类型进行了识别和分析（为方便研究，现将高于前后相邻两天 API 值的时日定义为一个峰值日，将低于前后相邻两天 API 值的时日定义为谷值日，若两个相邻谷值之间的 API 值上升达到峰值，再下降达到另一个谷值，则将该过程定义为一次环境污染过程）。通过分析发现，华北地区的大部分重污染环境过程均经历了高压均压系统、低压均压系统、锋区等天气型演变过程。在边界层大气中，气压系统有时空尺度循环出现特征。统计结果及理论分析表明大气环境过程不断重复发生，只是不同的环境过程污染的级别不同，不同污染级别的环境过程循环出现。区域的大气环境质量具有区域性同步演变过程特征，其变化与气压系统演变规律有明显相关。本书将该规律总结为：第一，区域城市 API 值上升阶段与高压均压和相继出现的低压系统相配置；第二，API 峰值阶段配置的天气型多位于锋区前部低压后部；第三，API 值下降阶段主要受高气压梯度的气压系统影响。

天气型组合系统及其演变规律是区域大气环境过程的主要原因，其相关关系对于分析区域大气环境过程的变化特征及其机理，以及区域污染定性的预报、控制、管理具有重要意义。

最不利于污染扩散的气象形势对应着 API 值增量最大，而不一定是 API 值最高的环境背景场；API 值的峰值是逐步累积而形成的。定义 API 值从谷值逐日累积到峰值再下降到谷值状态为一次环境污染过程。根据环境过程与天气型的诊断分析结果，API 值变化与天气形势演变有较好的对应关系。API 值上升阶段、峰值阶段、下降阶段其对应的天气形势分别为持续数日的大陆高压均压场、相继出现的低压均压区及锋后的高气压梯度场，其中持续存在的大陆高压场是造成重污染浓度累积的主要背景场。

气压系统波动形成的循环过程与环境过程的相关关系为，污染环境过程中 API 值（污染物浓度）上升阶段、API 值（污染物浓度）峰值阶段、API 值（污染物浓度）下降阶段分别与高压、低压、锋区等按照客观连续出现的气压系统顺序相对应，见图 6-17。不同尺度的气压系统在大气中的循环演变，是环境过程形成的大气背景，与不断循环出现的不同污染级别的环境过程相吻合。

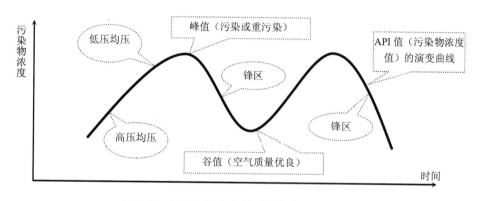

图 6-17 环境过程与气压系统演变对应示意图

（2）典型过程分析

上述结论是本书通过对近几年华北地区出现的 50 次区域重污染环境过程与所对应的天气背景形势图进行诊断识别与比较分析得到的，由于篇幅所限，本书从 50 余次重污染过程中摘选 3 个典型过程作为示例进行说明。

①重污染过程分析一

北京及周边地区于 2000 年 11 月 1 日至 11 月 8 日发生了一次较典型的大气重污染过程。该重污染过程的第一阶段从 11 月 1—3 日为污染物浓度上升阶段，对应的天气形势为持续数日的大陆高压均压场控制阶段。1—2 日，在高压均压场的控制下有较强的辐射逆温和下沉逆温，逆温层厚度大，强度高，污染物不易扩散，使污染物浓度持续增高。3 日高空转为西南气流，地面受低压均压场影响，在边界层低层引起弱上升气流，使得污染物在低空汇聚，加之外来污染物的输入，污染物浓度进一步升高。

第二个阶段为污染物浓度峰值阶段，重污染峰值持续时间为 2 d，对应的天气形势为大陆低压均压场控制阶段。11月4日，北京上空有弱的西北冷平流，地面受高压和低压之间的西北气流控制。北京低空边界层风速很小（为静风或弱风），不利于前一阶段累积的污染物扩散，使API指数进一步上升并达到峰值。5日早上东北低压向偏北方向移动，地面转为低压均压控制，受其影响，地面污染物浓度达到峰值后维持。

　　第三个阶段为污染物浓度下降阶段，对应的天气形势为冷锋后高气压梯度场控制阶段。11月6—7日，北京地区处于锋后高压的前部，气压梯度明显增强。由于后部高压强气压梯度区范围非常宽广，持续时间长，地面强风速持续约为2 d，有利于污染物扩散，API值下降明显。因此6日的污染物浓度开始减少，7日减少量最多，8日污染物浓度达到最低值。图6-18给出了此次重污染过程中API指数随时间的变化趋势。

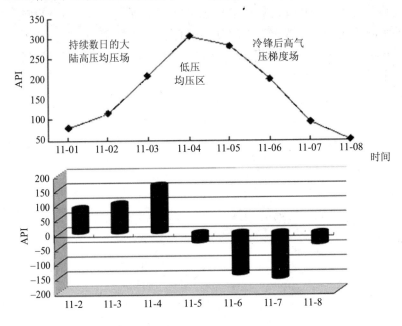

图6-18　重污染过程API指数随时间变化图

　　②重污染过程分析二

　　我国北方地区于2002年12月2—12日发生了一次重污染过程，该过程中北方10座城市的空气质量经过了区域重污染演变为优良再变为重度污染的环境过程，如图6-19。

　　12月3—4日为各城市PM_{10}高浓度期，API值达到最高值。该时段对应的天气形势为：北方地区被鞍形气压场控制，处在低压覆盖区前部，在低空偏南气流作用下，形成暖空气盖和平流逆温层，气压梯度小。即在低压系统控制下，由于低空潮湿，气温和露点温度随高度变化曲线呈现喇叭口状分布，逆温层结越厚，地面越潮湿，上层越干燥，逆温层上下温度差越大时，逆温层下的污染物储存能力就越强。在低空潮湿环境影响下，大气中的微粒吸附大量水汽，扩散能力减弱，有利于形成边界层内的污染物高浓度输送层。经分析得出，鞍形场是形成各城市地方性污染物累积，并造成区域重污染峰值区的重要天气型。在鞍形气压场的控制下，该区域的污染物滞留作用有所增加，使污染物浓度峰值的持续时间延长。

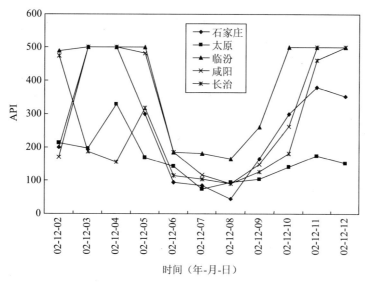

（a）石家庄、太原、临汾、咸阳、长治

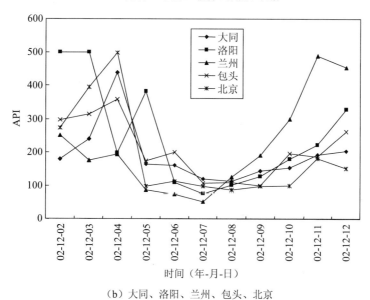

（b）大同、洛阳、兰州、包头、北京

图 6-19　环境过程 API 值演变序列图

12 月 4—6 日，各城市 PM_{10} 浓度同步下降。该阶段对应的天气形势为华北地区受锋区（高气压梯度区）控制，如在锋区控制下，较强的偏北风影响该区域。由温度露点图（图 6-20）可以看出低层呈现中性层结，因此该时段污染物容易扩散。

12 月 7 日、8 日各城市 PM_{10} 达到最低值。

12 月 8—11 日为 PM_{10} 浓度上升阶段。对应的天气形势为：8 日 20 时高压系统控制华北大部分区域，10 座城市处于同一高压系统中。在高压系统的控制下发生了下沉逆温，不利于污染物的扩散，因此高压持续时间越强，污染物的滞留量越多，高压空间尺度越大，区域同步增长范围越大，时间尺度越长，累积量和累积日数越长。由于该阶段的大气垂直结构受到大尺度背景场和强大陆高压下沉作用的影响，高压弱气压场配置的垂直温湿结构为：气温和露点温度随高度的分布呈现上干下湿的喇叭口形状的垂直分布特征。由北京观象台 12 月 8 日 20 时的温度露点垂直廓线图（图 6-21）可知，边界层背景场有利于污染物形成更高的污染物浓度峰值。另外，高压系统也是形成地方性环流、造成污染物汇聚的主要系统，如汾河流域河谷、临汾盆地、华北山前汇聚带等都是较大时空尺度特征的高压背景场及其引起汇聚特征的地方环流作用的结果。经分析得到：此类高压系统是造成污染物累积的主要天气型。

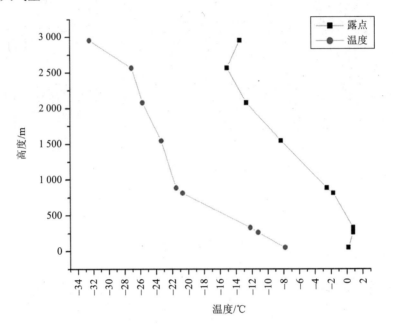

图 6-20　温度露点垂直廓线图

（北京，2002-12-06 20:00）

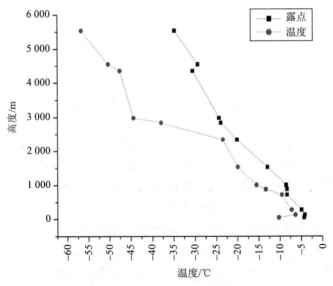

图 6-21　温度露点垂直廓线图

（北京，2002-12-08 20:00）

③重污染过程分析三

　　我国北方地区于 2005 年 1 月 3—7 日发生了一次大气重污染过程, 区域内大部分城市的 API 值演变情况基本一致, 见图 6-22。

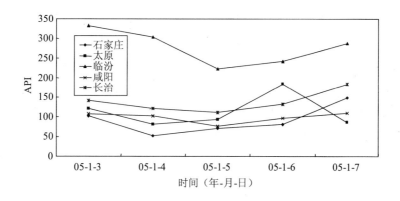

（a）石家庄、太原、临汾、咸阳、长治

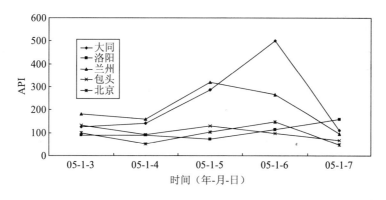

（b）大同、洛阳、兰州、包头、北京

图 6-22　环境过程 API 值演变序列图

　　该次重污染过程的第一阶段为 1 月 3—4 日, 此时我国北方大部分城市的 API 值开始下降, 并于 1 月 4 日达到最低值。该阶段对应的天气形势为：高压中心位于内蒙古以北, 向华北地区移动, 华北区域主要受到锋区影响, 出现强北风, 因此污染物容易扩散。

　　1 月 4—6 日, 污染物浓度开始持续上升。该阶段对应的天气形势为：1 月 4 日华北区域开始受到高压均压影响, 高压中心位于北京附近。在强高压系统影响下, 大气垂直结构有利于污染物累积, 并开始出现局地环流, 使大部分城市的 API 值在 4—5 日有所增加, 其中北京地区的 API 值日增幅量达到 50。1 月 5 日, 低压系统开始控制华北地区, 污染物持续累积, 开始形成大气重污染。经过该阶段的持续累积后, 在锋区到来之前, 大气污染物浓度达到最大值。经示例分析得到, 长期稳定存在的低压槽对华北地区的大气污染具有重要作用。

　　1 月 6 日之后我国北方 10 座城市 API 值一致下降。此时华北地区再次受到锋区控制, 区域出现北风, 低层为中性层结, 污染物极易消散。

　　经过分析得出, 在此次大气重污染过程中, 污染物在高压阶段累积, 在低压阶段储存然后达到最大值，在锋区到达后消散，当高压系统出现后开始另一次环境过程，锋区再次出现后环境过程结束。

6.3.2 我国中低纬度地区

（1）中低纬度对应天气形势

对于中低纬度地区，大陆高压脊场上空持续的下沉气流及边界层低层流场辐合形成的污染物汇聚带，导致污染物逐日积累并达到峰值，在稳定的天气形势下，常形成深厚的下沉气流，有利于高压脊区日均污染物浓度增大；大陆高压南移，锋区移动至中低纬度地区有利于污染物的清除。热带地区大型高压脊场系统及控制下的海口市地方性流场汇聚是造成地区 API 积累及峰值形成的主要原因。结果如图 6-23 所示。下面分别选取几个典型污染过程，针对重污染积累、输送、清除阶段的污染浓度演变、天气形势、气象条件等进行分析。

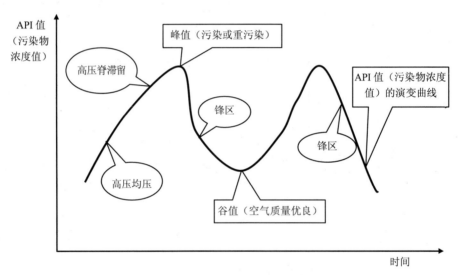

图 6-23 环境过程与气压系统演变对应示意图

（2）重污染积累阶段

中低纬度地区在大陆高压周边的影响之下，出现持续稳定的天气形势，污染物在局地积累，形成中低纬度的重污染。稳定天气形势下的地方性积累是中低纬度地区形成重污染的主要原因。

①重污染 PM_{10} 浓度演变

图 6-24 为 2003 年 10 月 26 日至 11 月 4 日广州地区空气污染指数演变图。由图可知，10 月 26—30 日 API 指数基本维持稳定 100～114。从 31 日开始污染物迅速上升至 131，次月 1 日，API 继续升高，达到 151，污染加重。11 月 2 日，污染超过 300，达到重度污染。污染物的积累呈现了持续稳定数日后加快积累的特点。

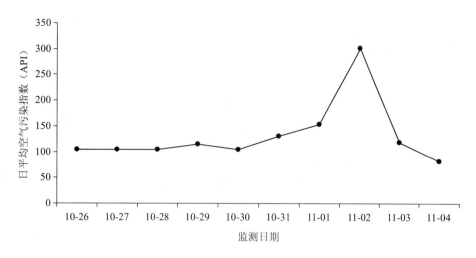

图 6-24　广州地区空气污染指数演变（2003 年）

②天气形势分析

中低纬度的重污染形成的天气形势主要是大陆高压的南下影响，大尺度高压以及高压脊的持续滞留作用，导致了中低纬度地区污染物的持续积累。本次环境过程从 10 月 29 日开始迅速积累（图 6-24），如图 6-25a 所示，10 月 30 日中国东部地区受到大陆高压控制，高压中心位于山东半岛，大范围的高压控制以及滞留性特征影响，广州处于高压脊处，天气形势稳定，污染物在局地积累。31 日（图 6-25b）大陆高压在山东半岛滞留，南部高压脊持续覆盖广州地区，有利于污染物的局地积累，API 数值显著上升。11 月 1 日大陆高压中心移动至日本，高压尾部依然控制广州地区（图 6-25c），污染物继续积累，直至 11 月 2 日 11 时，中心位于内蒙古的大陆高压开始向南移动，锋区影响到湖南南部，广州地区污染物积累至峰值（图 6-25d）。可见，大陆高压的持续滞留作用及其边缘影响是造成中低纬度地区重污染积累的主要天气形势。

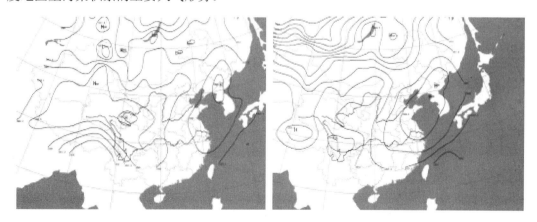

　　（a）2003-10-30 05:00　　　　　　　　　　（b）2003-10-31 21:00

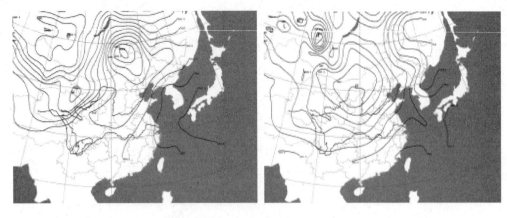

(c) 2003-11-01 17:00   (d) 2003-11-02 11:00

图 6-25　重污染积累阶段天气形势

③气象模拟

稳定天气形势下的高空下沉气流以及温度的垂直结构是中低纬度地区发生重污染的主要积累因素之一。限于探空资料在空间分辨率的局限,采用 WRF 模拟结果进行分析。图 6-26 显示了 2003 年 10 月 29 日至 11 月 2 日北纬 23.8° 温度垂直风场剖面图。由图 6-26 可知,10 月 29 日广州上空天气形势不稳定(图 6-26a),垂直风场以上升气流为主,30 日 8 时在 950 hPa 附近出现逆温层,高空存在部分下沉气流(图 6-26b),部分污染物开始在局地积累。30 日 23 时高空出现明显的下沉气流,在下沉气流作用下,位于东经 115°、700 hPa 高度附近出现高空暖核,是典型的高压脊天气形势特征,污染物难以扩散(图 6-26c)。稳定的大气结构导致在 31 日 5 时东经 116°、950 hPa 高度出现辐射逆温,影响污染物的扩散(图 6-26d)。此后,持续的高压滞留和下沉气流作用导致北纬 23.8°、东经 111°~118° 出现大范围的逆温结构(图 6-26e),特别是 11 月 2 日 850~970 hPa 之间呈现多处明显逆温层(图 6-26f),污染物不断在广州附近积累,API 达到峰值,形成重污染天气。可见,高压的滞留作用下出现了稳定的大气结构,导致了污染物在局地不断积累,浓度升高,形成重污染天气。

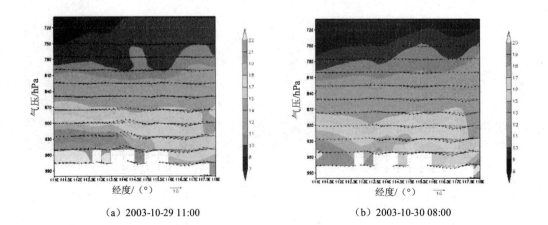

(a) 2003-10-29 11:00   (b) 2003-10-30 08:00

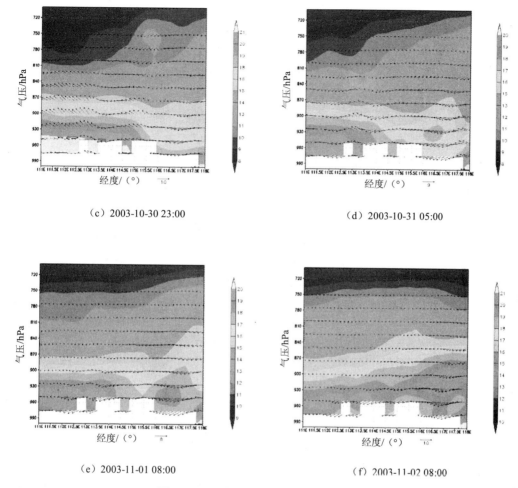

（c）2003-10-30 23:00　　　　　　　　　（d）2003-10-31 05:00

（e）2003-11-01 08:00　　　　　　　　　（f）2003-11-02 08:00

图 6-26　北纬 23.8° 温度垂直风场剖面图

图 6-27 显示了 2003 年 10 月 29 日至 11 月 02 日北纬 21°～25°、东经 111°～118° 范围内的地面 10 m 风场变化情况。图中背景颜色表示地形高度，由图可知，广州三面环山，南面临海，在稳定的天气形势下，10 月 30 日出现以地方性环流为主导的较小风速流场，由于缺少持续性固定方向流场，三面环山内的污染物在不断积累，难以扩散（图 6-27a）。31 日海面风向为沿海岸线自东北向西南，可携带部分污染物，其余部分将在珠江三角洲内积累（图 6-27b）。11 月 1—2 日，来自东北方向的偏北风将海湾内的污染物吹向海岸（图 6-27c），而由于此时较低边界层以及较小的风速作用（图 6-27d），污染物依然在海湾内持续积累。总之，稳定天气形势下的地方性流场作用导致污染物难以向珠三角外扩散，本地污染物的逐日积累是形成广州重污染的重要原因。

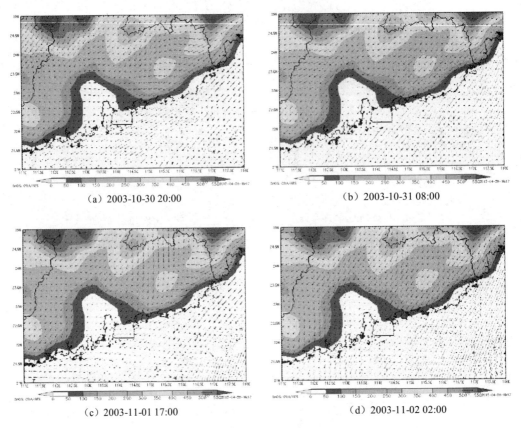

(a) 2003-10-30 20:00　　　　　　　　　　(b) 2003-10-31 08:00

(c) 2003-11-01 17:00　　　　　　　　　　(d) 2003-11-02 02:00

图 6-27　广州地面风场图

④污染物轨迹模拟

FLEXPART-WRF 模型可以较为准确地模拟局地尺度污染物的扩散轨迹，是研究重污染成因以及污染物输送的有力工具。模拟试验的释放地点为广州距地面 50 m 处，释放和模拟的时间为 2003 年 10 月 30 日 8 时至 2003 年 10 月 31 日 4 时。图 6-28～图 6-30 分别显示了各类污染物释放后在水平以及垂直方向的扩散轨迹和各类污染物所占的比例，图 6-28 和图 6-29 的纵坐标分别表示垂直高度和百分比例，横坐标表示时间，图中各点代表各类污染物的质量中心位置。由图 6-28、图 6-29、图 6-30 知，40%～50%的污染物释放后在本地徘徊积累，约 20%的污染物沿海岸线输送，其他约 40%的污染物向南海输送。在垂直方向上，本地徘徊的污染物最高高度不超过 800 m，在达到 600 m 以上高度后迅速下降至 200 m，这部分污染物持续在珠江三角洲内积累，是造成重污染的主要污染物部分，该结论与广州地区垂直大气结构和天气形势分析结论相符合。20%的污染物在赤道东风带影响下，沿海岸线方向输送，稳定天气形势下的下沉气流作用，轨迹高度不超过 1 000 m，在边界层内进行输送。其他 40%污染物在东风带及气压梯度影响下，向西南方向输送，高度在 1 200 m 以下，该结论与前文关于地面风场的分析相一致。

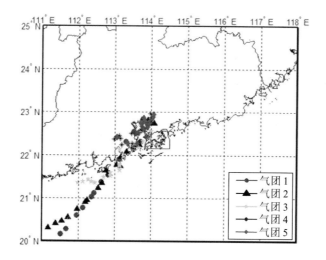

图 6-28 污染气团前向模拟轨迹图

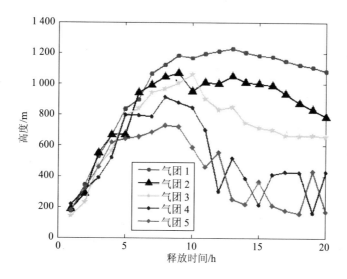

图 6-29 污染气团轨迹高度随时间变化图

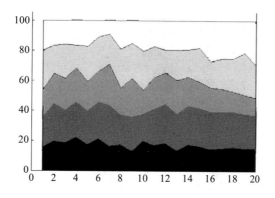

图 6-30 污染气团比例图

⑤其他情景天气形势分析

大量事实统计与分析表明，中低纬度天气形势与重污染过程的对应关系是一种客观存在的关系，具有普遍性。本书选取深圳地区 2010 年 3 月 20—25 日以及长沙地区 2002 年 2 月 10—15 日两次典型重污染过程的污染物浓度演变与对应天气形势进行阐述分析。

图 6-31 显示为深圳地区 2010 年 3 月 20—25 日日平均空气污染指数 API 演变曲线，横坐标为监测日期。由图可知，3 月 20 日，深圳地区 API 为 68，属于空气质量二级标准，空气质量为良。3 月 21 日污染物浓度上升，API 达到 83。22 日 API 迅速上升至 289，属于重度污染，此后 API 逐日下降，重污染天气缓解。20—25 日，API 经过了典型的由空气质量良好的谷值上升至峰值，达到重污染天气，再到谷值的完整过程，是典型的中低纬度重污染过程。

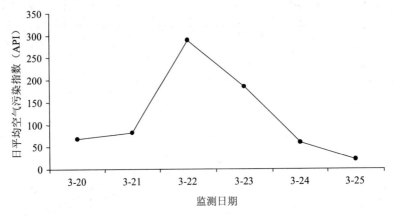

图 6-31　深圳地区空气污染指数演变（2010 年）

图 6-32 是本次重污染过程的积累阶段对应的天气形势。图中显示，3 月 20 日上午 11 时，中心位于陕西、山西和内蒙古交界处的强大陆高压控制中国大部地区，其中华南、华中以及华东地区处于大高压脊控制区域，深圳地区在其影响范围之内，20 日深圳 API 开始上升。21 日 8 时，高压移动至长江口，而其高压后部的高压脊依然持续影响华南地区，深圳 API 继续上升。22 日 2 时，高压向东北方向移动至韩国南部，深圳在高压后部的稳定的下沉气流影响作用下，API 显著上升，这种高压脊一直持续至 8 时，排放至大气中的污染物难以扩散，污染物浓度积累至峰值，出现重污染天气。

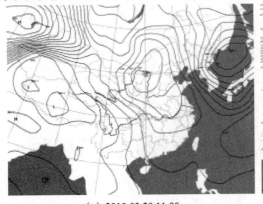 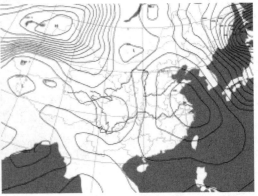

(a) 2010-03-20 11:00　　　　　　　　　　(b) 2010-03-21 08:00

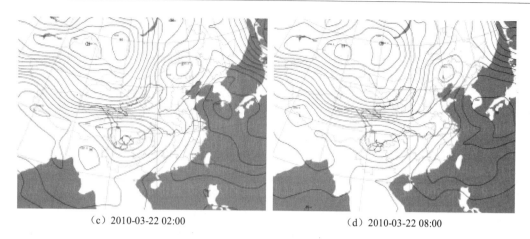

（c）2010-03-22 02:00　　　　　　　　（d）2010-03-22 08:00

图 6-32　重污染积累阶段天气形势

图 6-33 是 2002 年 2 月 1—15 日长沙地区空气污染指数演变图。监测结果显示，2 月 10 日长沙 API 污染指数为 107，达到国家二级空气质量标准，空气质量良好。11 日，API 数值略有上升，达到 129，污染物浓度开始累积增加，已经接近二级标准的临界值。12 日，API 升高至 367，污染物浓度迅速升高导致重污染天气，空气质量为五级，这种天气严重影响人体健康，导致出现各种疾病。这种极端重污染天气在 13 日得到明显缓解，API 下降至 127，达到二级标准。此后，在 14 日、15 日污染物得到有效、稳定的清除，长沙地区 API 逐日下降。此次重污染过程持续 6 d，空气污染指数经历了数日的持续积累，上升至峰值，出现极端的重污染天气，此后在清除系统作用下，重污染天气得到缓解，空气质量逐日转为良好，是一次中低纬度典型的极端重污染天气过程。

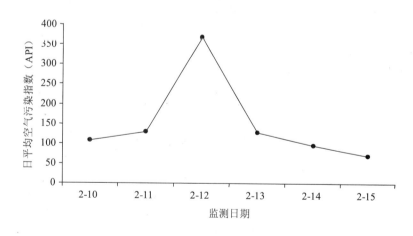

图 6-33　长沙地区空气污染指数演变（2002 年）

图 6-34 显示了 2002 年 2 月 10—15 日长沙重污染积累过程中对应的天气形势。由图可知，在长沙地区重污染积累阶段，天气形势以高压脊均压区控制为主要天气形势。具体为 2 月 10 日 14 时，高压中心位于蒙古西部，距离中国华中、华南地区较远，而其高压脊已经伸向中国南方，控制中国东部地区，易导致高压脊均压区内的污染物的局地积累，浓度升高。至 20 时，大陆高压向中国东南部移动，并在山西北部分列出一小高压中心，高压

脊控制范围扩大至华东和华中以及部分华南地区，长沙污染物浓度继续累积上升。2月11日11时，分列的小高压向东北方向移动，中心移动至蒙古东部，高压脊继续控制长江流域，2月12日2时，高压中心移动至长江口，而长沙地区继续受到高压脊影响，污染物浓度上升达到峰值。可见，大陆高压脊的持续控制导致中低纬度地区污染物在局地的逐日累积，最终形成重污染天气，是导致重污染的主要天气形势。

(a) 2002-02-10 14:00　　　　　　　　(b) 2002-02-10 20:00

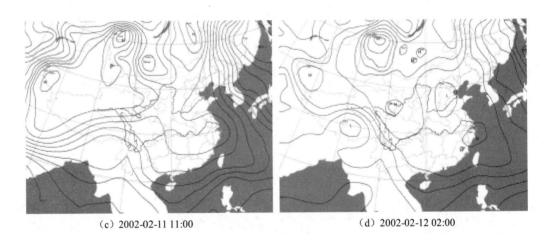

(c) 2002-02-11 11:00　　　　　　　　(d) 2002-02-12 02:00

图 6-34　重污染积累阶段天气形势

（3）重污染输送阶段

中纬度重污染过程中，系统性的高压移动是主导天气形势，高压中心过后，常出现系统性的大尺度流场，污染物进行中距离输送，加重局部地区的污染物浓度。

中低纬度与中纬度地区不同，中低纬度重污染主要是由于高压系统的滞留造成的，污染物主要以局地积累为主。为阐明中低纬度地区重污染主要以本地污染为主这一事实，以FLEXPART-WRF 模型进行后向轨迹模拟进行分析。

图 6-35 为 2003 年 10 月 29 日 0 时至 11 月 4 日 0 时的后向轨迹模拟图。图中颜色表示滞留时间，单位为 s。由图可知，滞留 60 s 以上的区域主要集中在广州附近，北纬 23° 以北地区以及东经 114.5° 东部地区滞留时间不足 30 s，东经 112.5° 以西、北纬 22.3° 以南地区滞留时间接近于 0，几乎没有污染物来源。可见，整个重污染过程，污染物的主要来源是

广州本地积累,这主要是由于滞留性的高压系统以及广州三面环山的特殊地形决定。因此,本次重污染过程的污染物主要来自本地。

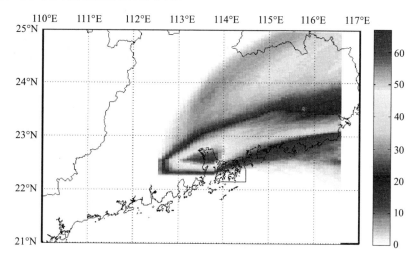

图 6-35　污染气团后向轨迹模拟图

（4）重污染清除阶段

中低纬度气压系统滞留作用导致局地的重污染天气,滞留系统过后的大陆高压前部锋区清除作用造成区域内污染物的浓度迅速下降,重污染天气消失。

①天气形势分析

图 6-36 显示了中低纬度清除阶段的天气形势。2003 年 11 月 2 日 17 时起,大陆高压中心位于内蒙古中部、甘肃北部,锋区控制华北、华中大部并向东南方向移动（图 6-36 a）,至 23 时,中心移动至河套地区,锋区向南移动,广州污染物浓度开始下降（图 6-36 b）,11 月 3 日 5 时,锋区开始控制华南地区,珠三角地区在锋区前部的影响下,具有较高风速的偏北风,携带清洁空气对该地区进行清除,污染物浓度下降（图 6-36 c）。11 月 3 日 11 时,高压中心移动至华北地区,前部锋区影响整个华东和华南地区,在强气压梯度作用下,系统性偏北的清除作用更加明显,导致广州 API 迅速下降,重污染天气消失（图 6-36 d）。由上可知,滞留天气系统的消失是重污染缓解的主要原因。

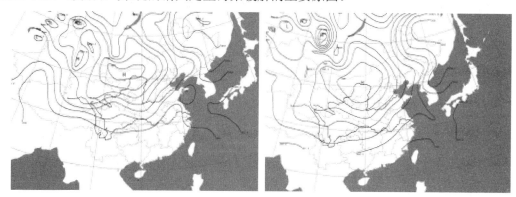

(a) 2003-11-02 17:00　　　　　　　　(b) 2003-11-02 23:00

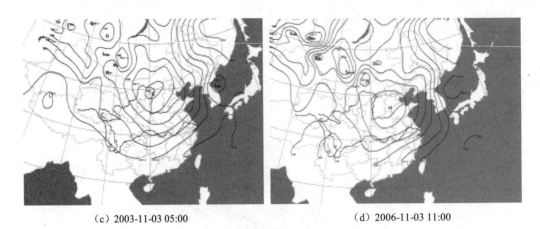

(c) 2003-11-03 05:00　　　　　　　　　(d) 2006-11-03 11:00

图6-36　重污染清除阶段天气形势

②气象模拟

图6-37显示了2003年11月2—3日北纬21°~25°、东经111°~118°范围内的地面10 m风场变化情况。图中背景颜色表示地形高度，由图可知，11月2日17时，出现偏北风，风向包括东北、西北方向，在珠江三角洲内出现自东北向西北方向的转变，因此，风速有所降低。3 h后，高压前部的东北风较为明显，风向一致，对污染物的清除作用加大，广州API迅速下降。11月3日2时，在气压梯度显著增加的背景下，系统性的东北风控制珠江三角洲的大部地区，风速较高，风向趋于一致，积累数日的污染物在强清除系统作用下，迅速扩散，广州本地污染物得到有效清除，清除系统的控制一直持续至11月3日17时，持续的偏北风将污染物吹离广州，本次重污染消失。因此，滞留系统后的强梯度控制下的偏北风是中低纬度地区的主要清除系统。

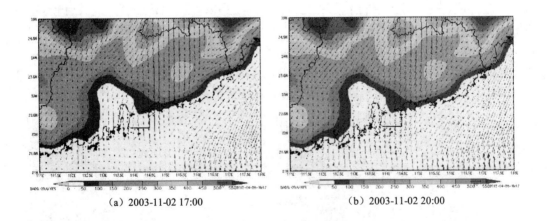

(a) 2003-11-02 17:00　　　　　　　　　(b) 2003-11-02 20:00

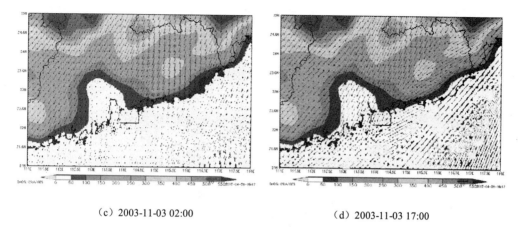

（c）2003-11-03 02:00　　　　　　　（d）2003-11-03 17:00

图 6-37　广州地面风场图

③污染物轨迹模拟

清除系统下的偏北风作用，污染物得到有效扩散，具体轨迹见图 6-38 和图 6-39。图 6-38 显示了污染物的水平扩散轨迹，由图可知污染物在偏北风作用下，各个轨迹均向南部以及西南方向扩散，释放 20 h 后，最远质量中心位于北纬 20°，向南扩散 250 km 左右。在垂直方向上，污染物释放后迅速提升至 1 000 m，然后在 600～1 000 m 位置震荡扩散，广州地面处污染物得到有效清除。

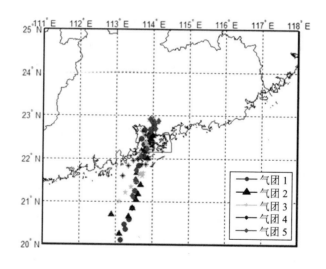

图 6-38　污染气团前向模拟轨迹图

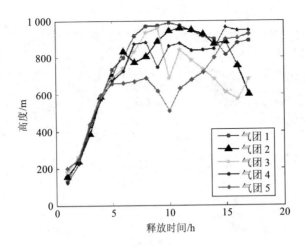

图6-39　污染气团轨迹高度随时间变化图

④其他情景分析

选取深圳地区2010年3月20—25日、长沙2002年2月10—15日两次典型重污染过程个例进行清除阶段的天气形势分析。

图6-40是深圳2010年3月20—25日重污染过程的清除阶段对应的天气形势。图中显示，2010年3月23日2时，高压中心位于阿尔泰山西北部，该高压控制中国大部地区，在新疆南部、青海北部、甘肃东部一带以及华北平原出现明显的高压脊，而高压前部锋区在西藏、青海南部、四川以及贵州大部等压线密集，而在东部的广东、广西以及福建、湖南和江西等地，气压梯度力较弱。其中，深圳受到弱气压力作用下，污染物浓度有所降低，API从289降低至185，日清除率为104。至3月24日11时，高压中心略向东移动至贝加尔湖以西，而前部高气压梯度锋区向东部移动明显，到20时，广东、广西等压线较22日明显密集，此时深圳地区在强烈清除系统作用下，污染物迅速扩散，24日API下降至60，达到二级空气质量标准，单日API下降125，清除率较23日提高了25。锋区对深圳地区的影响持续至25日5时，API降低至25，达到空气质量一级标准，空气质量为优。本次重污染清除过程中，23日深圳API为285，对应PM_{10}浓度为0.41 mg/m^3，在清除天气形势下，清除系统持续作用，25日深圳API降低至25，对应PM_{10}浓度为0.02 mg/m^3，因此，大尺度冷高压的前部锋区是此次中低纬度地区重污染得到有力清除的主要天气形势。

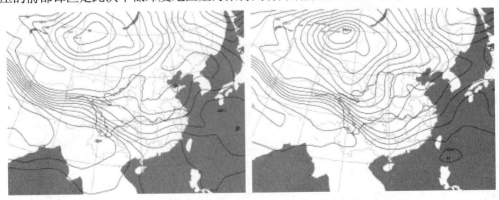

(a) 2010-03-23 20:00　　　　　　　　(b) 2010-03-24 11:00

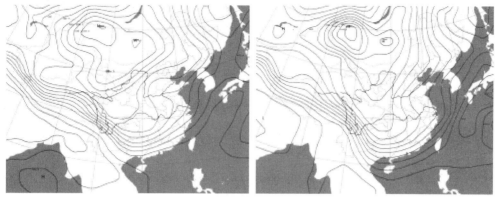

（c）2010-03-24 20:00　　　　　　　　　　（d）2010-03-25 05:00

图 6-40　重污染清除阶段天气形势

图 6-41 显示了 2002 年 2 月 10—15 日长沙重污染清除过程中对应的天气形势。由图可知，中国东部 2 月 13 日 14 时的天气形势是大陆高压控制区，高压中心位于内蒙古的东北角，以高压脊的形式向东南延伸，覆盖河北、山东大部，高压前部锋区影响河南、山西、陕西大部以及华中地区，长沙在前部锋区高气压梯度力作用下，污染物得到有效清除，空气质量改善明显，API 从 2 月 12 日峰值 367 降低至 2 月 13 日的 127，恢复二级空气质量标准，日 API 清除率为 240，清除效果显著。2 月 14 日 2 时，东北高压与中心位于贝加尔湖的高压合并，前部锋区减弱，而长沙依然为锋区控制区，14 日 14 时，分裂出的高压向东南移动，在偏北风清除系统作用下，14 日长沙 API 降低至 95，日清除率为 32，清除作用较 13 日减弱。15 日高压移动减弱，高压脊控制华北大部地区，其边缘延伸至湖南北部，弱气压梯度降低了 15 日长沙清除效果，15 日清除率为 26。此次重污染的清除过程具有迅速清除而后转为缓慢清除的特征，全过程在大陆高压的锋区控制之下，因此，大陆高压的前部锋区是中低纬度地区重污染清除的主要天气形势。

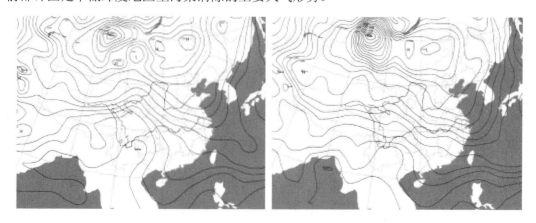

（a）2002-02-13 14:00　　　　　　　　　　（b）2002-02-14 02:00

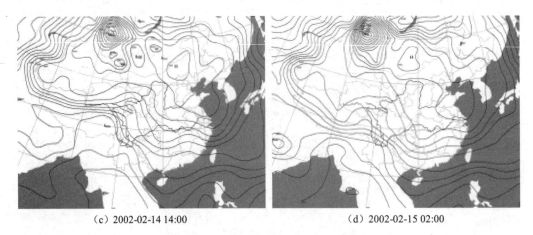

(c) 2002-02-14 14:00 (d) 2002-02-15 02:00

图 6-41 重污染积累阶段天气形势

6.4 结合卫星遥感应用的重污染诊断与动力分析研究

重污染的发生不仅表现为单一地区的污染物浓度升高，而是通常表现为大范围区域内的重污染事件。研究表明，大气环境的污染问题是一个区域性问题，重污染事件具有时间同步性和区域相关性，这决定了整个区域重污染的发生时间和浓度分布，是区域重污染的重要问题。同时，卫星遥感技术的优势在于同时大范围、高分辨率地监测污染物的浓度分布，是研究区域污染问题以及区域重污染事件的有力工具。本书利用卫星遥感产品结合天气形势以及动力气象矢量相关模型，提出卫星产品在重污染过程中的污染诊断以及重污染区域动力解释的应用。限于日尺度数据的完整性，以区域内二氧化氮相对重污染为例，应用 NO_2 地面监测数据和美国国家航空航天局（NASA）提供的全球对流层 NO_2 垂直柱密度遥感产品，选取 2007 年 2 月华北地区 NO_2 浓度演变序列，结合地面 NO_2 浓度监测资料，海平面气压场资料，利用相关矢量模型进行研究。

6.4.1 卫星遥感在重污染诊断中的应用

根据陈朝晖等的研究，区域性大气环境重污染和天气型有明显相关，在天气型影响下，区域性污染物有明显的地区性生消过程，即浓度的谷值、上升、峰值、下降、再谷值的演变序列；它受制于锋区清除系统、高压积累系统、低压汇聚系统；具有循环及有序组合序列演变特征。这种特征导致了区域重污染的时间同步性，是大范围重污染发生的主要原因。[1]

（1）地面观测结果

图 6-42 为 2007 年 2 月我国北方 18 城市地面 NO_2 浓度变化曲线。可以看出，2 月 1—12 日各城市的 NO_2 浓度整体上经过了一次从谷值到峰值再到谷值的过程，是一次区域性的大气环境过程。2 月 1 日，各城市 NO_2 浓度值在 $0.02\sim0.10$ mg/m³，大多在大气环境二级标准（0.08 mg/m³）以下。经过数日小幅振动和累积，北京、天津、唐山、郑州、太原

① 陈朝晖，程水源，苏福庆，等. 华北区域大气污染过程中天气型和输送路径分析[J]. 环境科学研究，2008，21（1）：17-21.

在 2 月 5 日达到本次重污染事件的峰值，其中北京日平均浓度为 0.144 mg/m³，超过三级标准（0.12 mg/m³），唐山、郑州、平顶山的峰值分别为 0.075 mg/m³、0.072 mg/m³、0.073 mg/m³。2 月 6 日，其他各城市均达到各自的峰值，其中天津、徐州的日平均浓度均为 0.106 mg/m³。7 日开始各城市的 NO₂ 浓度开始震荡下降，2 月 9 日出现小幅波动，至 10 日降低至谷值，所有城市 NO₂ 浓度降低至二级标准以下。此次 2 月第一个环境过程历时 10 d，各城市振动幅度在 67%～92%，天津 2 月 4—5 日单日 NO₂ 浓度升高 0.04 mg/m³，增加 66%，北京 NO₂ 浓度 2 月 4 日为 0.076 mg/m³，2 月 5 日升高到 0.144 mg/m³，升高 94%，2 月 6 日降低至 0.065 mg/m³，降低 55%。因此，此次环境过程的特点是在 1～2 d 内，各城市 NO₂ 浓度迅速升高并达到峰值。随后，各城市分别在 2 月 11—14 日、14—18 日、18—23 日、23—27 日出现 4 次污染过程。

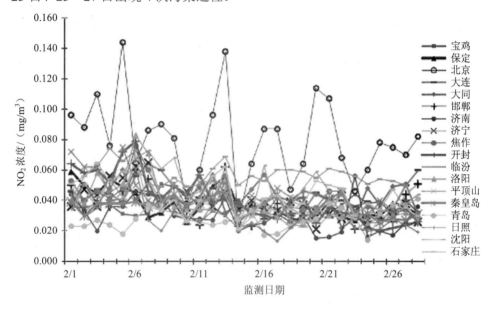

图 6-42　我国北方 18 城市 2007 年 2 月 NO₂ 浓度变化曲线图

（纵坐标为 NO₂ 浓度；横坐标为监测日期）

（2）卫星遥感与地面观测结果的对比分析

图 6-43 是 2007 年 2 月 OMI 观测到的华北地区 NO₂ 柱密度平均值和华北 18 城市大气环境监测的日平均 NO₂ 浓度数据变化序列图。由于 OMI 观测时间为 13：30 左右，地面日均浓度的计算时间为前一日 12 时至本日 12 时，因此，OMI 的观测曲线同 NO₂ 地面浓度变化曲线有时会相差一天。从图中可以看出，2 月 1 日、10 日、14 日、24 日，我国华北地区（北纬 32°～43°，东经 110°～123°）NO₂ 浓度大气环境监测平均值处于谷值，平均浓度分别为 0.045 mg/m³、0.035 mg/m³、0.029 mg/m³ 和 0.031 mg/m³，对流层 NO₂ 柱密度分别为 0.97×10¹⁶ 分子/cm²、0.64×10¹⁶ 分子/cm²、0.60×10¹⁶ 分子/cm² 和 0.12×10¹⁶ 分子/cm²。华北地区 18 城市 NO₂ 监测的区域平均浓度在 2 月 6 日、13 日、17 日、21 日、27 日分别达到峰值，平均浓度 0.059 mg/m³、0.049 mg/m³、0.037 mg/m³ 和 0.036 mg/m³，对应的 NO₂ 柱密度分别为 2.50×10¹⁶ 分子/cm²、2.12×10¹⁶ 分子/cm²、1.63×10¹⁶ 分子/cm²、1.46×10¹⁶ 分子/cm²。可见通过 OMI 卫星遥感观测的对流层 NO₂ 平均柱密度同地面监测的华北各城市每日平均

浓度的变化趋势大体一致。图 6-44 反映出二者具有较好的一致性，相关系数为 0.81。可见，卫星遥感观测结果可以反映 NO₂ 重污染发生过程中的时间变化趋势，与地面监测结果具有一致性。

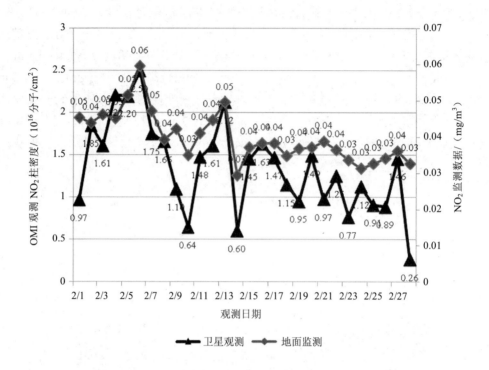

图 6-43 华北地区 OMI 观测 NO₂ 柱密度平均值和 18 城市地面观测 NO₂ 日均浓度平均值变化

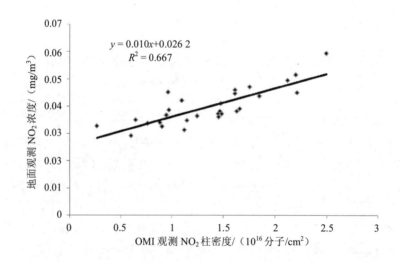

图 6-44 华北地区 OMI 观测 NO₂ 柱密度平均值和各城市地面观测 NO₂ 日均浓度平均值相关关系

（3）卫星遥感应用

区域性的大气污染物浓度的时间演变过程受大尺度天气形势影响，在污染物浓度的上升、进而达到峰值阶段，其对应的天气形势分别为持续数日的大陆高压均压场、相继出现的低压均压场；在污染物的下降并达到谷值所对应的天气型为高气压前部的清除形势。因此，利用天气形势结合卫星遥感可对区域重污染的浓度演变进行诊断和预测。

2007 年 2 月 10 日、13 日、22 日为 3 次大气环境质量过程的谷值，海平面气压场和 NO$_2$ 柱密度分布见图 6-45a、图 6-45b。图中顺序按照高压锋区、高压均压和低压系统的顺序排列。由图所示，华北地区 NO$_2$ 处于下降阶段时，均为大陆高压前部偏北气流控制区，出现污染物的清除作用，使得该地区 NO$_2$ 浓度下降至谷值。由地面观测结果可知，2 月 2 日、11 日、18 日华北地区 NO$_2$ 浓度处于尚未达到峰值的上升阶段，图 6-45d、图 6-45e 显示 2 日、11 日、18 日卫星遥感观测的 NO$_2$ 柱密度分布和对应的天气形势，可以看出，在大陆高压均压场的控制下，华北地区上空出现逆温层，出现污染物的积累现象，各城市污染物的浓度开始处于上升阶段。2007 年 2 月 5 日、12 日和 20 日为本月环境质量演变过程的 3 个高浓度峰值，对应海平面气压场和卫星遥感观测 NO$_2$ 柱密度分布见图 6-45f～图 6-45h。由图所示，NO$_2$ 高浓度区域位于地面低压低槽区，这表明受到低气压辐合流场结构影响，排放到空气中的氮氧化物在低压低槽区发生汇聚，形成 NO$_2$ 的高浓度带。

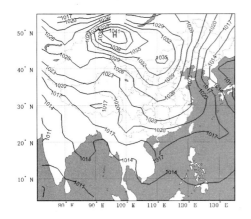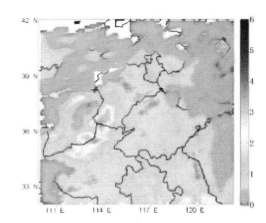

（a）2007-02-10 08:00

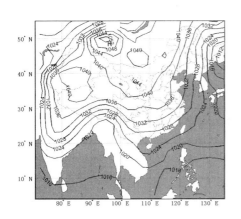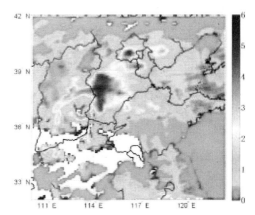

（b）2007-02-13 23:00

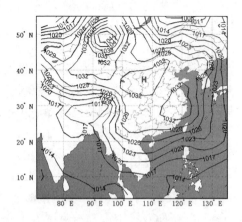
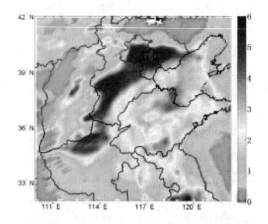

（c）2007-02-02 08:00

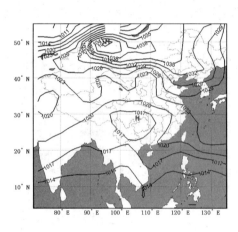
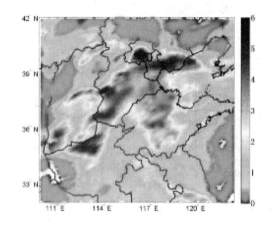

（d）2007-02-11 05:00

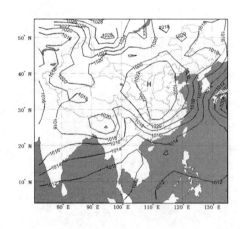
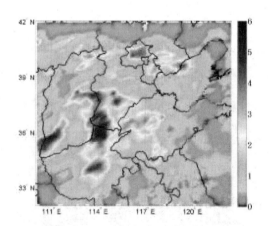

（e）2007-02-18 11:00

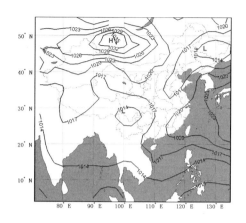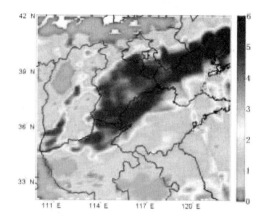

（f）2007-02-05 05:00

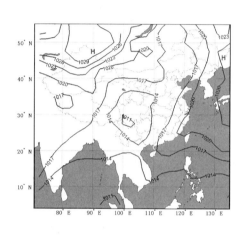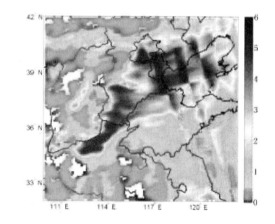

（g）2007-02-12 05:00

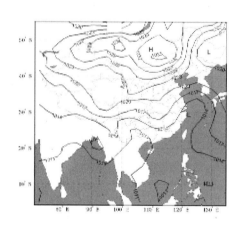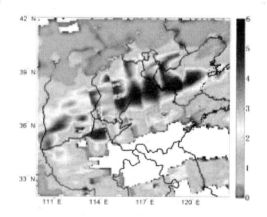

（h）2007-02-17 08:00

图 6-45　卫星观测 NO_2 柱密度同天气形势演变关系

（图中顺序按照高压锋区、高压均压和低压系统的顺序排列）

天气形势影响的边界层温度结构是区域 NO_2 污染加重的另一重要因素。在图 6-46 中，实线为 2007 年 2 月北京 8 时 925 hPa 减 1 000 hPa 温度差，虚线表示 2007 年 2 月北京 NO_2 地面浓度的环境监测浓度值。图中显示，两曲线有较好的对应关系，在 2 月 10 日、14 日、21 日 925 hPa 同 1 000 hPa 温度差由正值变为负值，出现不稳定层结，对应地面 NO_2 浓度也由峰值迅速降低至谷值。在 2 月 5 日、12 日、16 日、20 日 925 hPa 层出现明显稳定层结，对应日期地面 NO_2 浓度出现峰值，温度差值同 NO_2 峰值成正相关趋势。

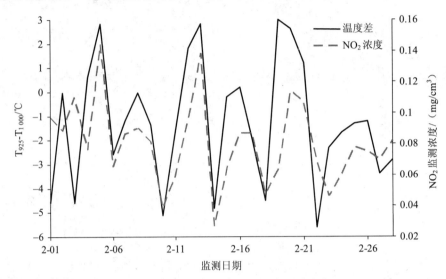

图 6-46　2007 年 2 月北京垂直 925 hPa 同 1 000 hPa 温度差和 NO_2 日均浓度变化曲线

在天气系统的影响下，925 hPa 层出现稳定结构，阻碍污染物在边界层的垂直扩散，有利于污染物的局地累积，浓度峰值与 925 hPa 下的稳定结构的持续有明显的相关。当天气形势发生变化，925 hPa 以下的稳定层被破坏，地面 NO_2 浓度常降低至谷值。可见，天气形势影响的污染区域边界层温度层结的变化，对地面监测的 NO_2 浓度演变有显著相关，卫星遥感观测为重污染的天气形势分析提供了高分辨率的污染物浓度数据，是重污染诊断分析的有力工具。

综上所述，基于卫星遥感观测结果与天气形势的对比研究证明：区域内 NO_2 重污染的发生时间和范围受到大尺度天气背景的影响。区域内 NO_2 重污染的发生、出现峰值、消除分别由大尺度天气形势的高压均压、低压低槽和高压前部的偏北风区内对应的累积、汇聚和清除作用决定；重污染的发生区域受大尺度的气压场的范围、形态以及梯度分布影响。因此，卫星遥感在区域重污染的诊断分析中具有重要作用。

6.4.2　卫星遥感在重污染动力分析

卫星遥感在重污染研究中的另一作用体现在对于重污染区域的动力相关解释。重污染发生的具体位置以及成因解释是区域重污染预测预警需要解决的重要问题，目前通过卫星遥感进行大范围的观测是直接观测重污染发生区域的最有效方法，本书通过流场分析和卫星遥感观测，同时结合动力气象的矢量相关模型提出利用卫星产品进行重污染区域预测的方法。

（1）研究区域

由于重污染动力分析研究与地形密切相关，因此本书在此处对研究区域（以华北地区为例）内的地形特征进行分析。研究范围选取北纬 32°～42°、东经 110°～123°。地面监测城市包括位于华北地区的保定、北京、大同、邯郸、济南、济宁、焦作、开封、洛阳、平顶山、青岛、石家庄、太原、唐山、天津、徐州、烟台、郑州 18 个城市（图6-47）。其中对图中标注为正方形的城市进行了相关矢量场计算。

图6-47 显示，华北地区地形复杂多样，包括高原、山地、平原、盆地等。华北平原是中国第二大平原，地形起伏不大，海拔多在 50 m 以下。平原北部有东西走向的燕山山脉，海拔在 500～1 500 m，西部为南北走向的太行山，大部分海拔在 1 200 m 以上，太行山西侧为由大小盆地组成的汾河河谷，山东省中部为泰山与沂蒙山，最高海拔分别为 1 545 m 与 1 032 m。可见，华北地区流域河谷、大平原与山脉的交界处是易于形成污染汇聚带的地区。污染源主要分布在平原地区。

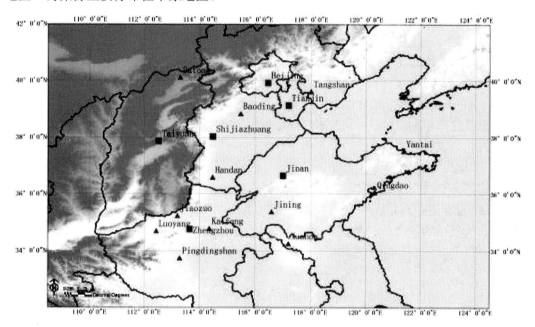

图6-47　研究范围与华北地形特征图

（2）卫星观测与污染源数据分析

图6-48 是 2007 年 2 月 OMI 观测到的华北地区（北纬 32°～42°、东经 110°～123°）NO_2 柱密度分布图。由图可知，NO_2 重污染区域主要集中在太行山东麓、汾河河谷、燕山南麓、沂蒙山北麓，污染物高浓度区域沿山脉、河谷走向呈连续分布，NO_2 柱密度在 $2×10^{16}$ 分子/cm^2 以上。华北地区 NO_2 污染以燕山山前的京津塘地区和太行山前的石家庄至郑州沿线最重，北京、石家庄分别为 $4.8×10^{16}$ 分子/cm^2、$4.54×10^{16}$ 分子/cm^2，达到华北地区平均柱密度（$1.34×10^{16}$ 分子/cm^2）的 3 倍以上。其次在临汾至太原的汾河河谷地区以及山东半岛的沂蒙山北麓地区 NO_2 污染也较重，达到 $2.5×10^{16}$ 分子/cm^2 以上，大约为区域平均柱密度的 2 倍。可见，NO_2 柱密度的分布同各地的地形性流场汇聚特征存在较好相关。

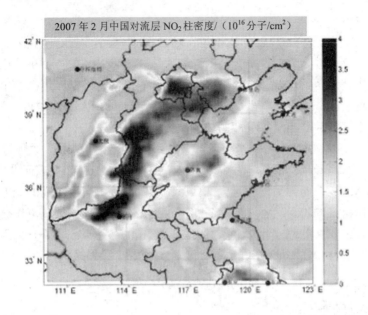

图 6-48　OMI 卫星观测华北地区 2007 年 2 月 NO₂ 平均柱密度值

　　图 6-49 是根据 INTEX-B 试验期间得到的我国华北地区氮氧化物污染源分布，由图可知，污染源分布相对均匀，污染物浓度分布相对集中于少数几个地区，而二者相比，无明显匹配性。为说明其差异特征，引用洛仑兹曲线和基尼系数进行了分析和估算。图 6-50、图 6-51 分别为 NO_2 污染源和卫星遥感观测柱密度面积百分比的洛仑兹曲线，其中实线表示污染源或 NO_2 柱密度在空间分布为绝对均匀，虚线分别为实际的 NO_2 柱密度和污染源分布曲线，其基尼系数分别为 0.36 和 0.67，表明污染物和污染源的空间分布不具有一致性，污染物在大气中的输送和汇聚是污染物浓度空间分布的重要影响因素。

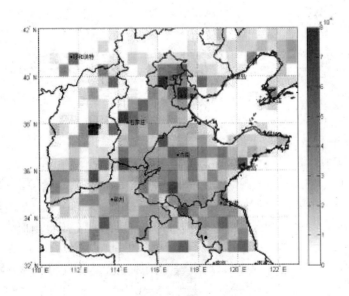

图 6-49　华北地区氮氧化物污染源分布（单位：t/a）

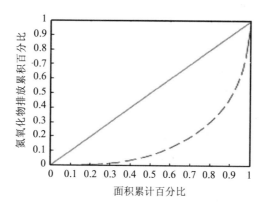

图 6-50　NO₂污染源面积百分比洛仑兹曲线

（2006 年污染源清单，2007 年 2 月 NO₂ 柱密度）

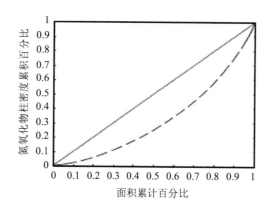

图 6-51　OMI 观测柱密度面积百分比洛仑兹曲线

（2006 年污染源清单，2007 年 2 月 NO₂ 柱密度）

（3）卫星遥感对重污染区域动力解释应用

本书采用矢量相关模型对 NO₂浓度分布和地面风场结构进行相关场分析，提出利用卫星遥感观测高分辨率的特点进行重污染区域预测的方法。下面是利用 MICAPS 观测的地面风速、风向及 OMI 观测对流层 NO₂柱密度计算的矢量相关场，其中矢量长度表示相关系数的大小，矢量的方向表示污染物的汇聚通道。其计算公式如下：

$$R_u = \frac{1}{N}\sum\nolimits_{n=1}^{N} \frac{\Delta P_n(X_0,Y_0)\Delta u_n(X_i,Y_i) - N\Delta P_n'(X_0,Y_0)^N \Delta u_n(X_i,Y_i)^N}{\sqrt{\sum\nolimits_{n=1}^{N}(\Delta P_n(X_0,Y_0))^2 - N((\Delta P_n'(X_0,Y_0))^N)^2)\sum\nolimits_{n=1}^{N}((\Delta u_n(X_0,Y_0))^2 - N((\Delta u_n'(X_i,Y_i)^N)^2)}}$$

$$（6\text{-}9）$$

$$R_v = \frac{1}{N}\sum\nolimits_{n=1}^{N} \frac{\Delta P_n(X_0,Y_0)\Delta v_n(X_i,Y_i) - N\Delta P_n'(X_0,Y_0)^N \Delta v_n(X_i,Y_i)^N}{\sqrt{\sum\nolimits_{n=1}^{N}(\Delta P_n(X_0,Y_0))^2 - N((\Delta P_n'(X_0,Y_0))^N)^2)\sum\nolimits_{n=1}^{N}((\Delta v_n(X_0,Y_0))^2 - N((\Delta v_n'(X_i,Y_i)^N)^2)}}$$

$$（6\text{-}10）$$

其中，

$$\begin{pmatrix} \Delta P_n(X_0,Y_0) \\ \Delta u_n(X_0,Y_0) \\ \Delta v_n(X_0,Y_0) \end{pmatrix} = \begin{pmatrix} P_n(X_0,Y_0) - P_n'(X_0,Y_0)^N \\ u_n(X_0,Y_0) - u_n'(X_0,Y_0)^N \\ v_n(X_0,Y_0) - v_n'(X_0,Y_0)^N \end{pmatrix}$$

式中 R_u、R_v 分别为单点污染过程序列演变与观测点周边地区风场 u、v 分量各点的相关系数。$P_n(X_0,Y_0)$ 为 (X_0,Y_0) 处平均浓度值，$u_n(X_i,Y_i)$、$v_n(X_iY_i)$ 为周边 (X_iY_i) 处风场 u、v 分量，$P_n'(X_0,Y_0)^N$、$u_n'(X_0,Y_0)^N$、$v_n'(X_0,Y_0)^N$ 分别为 $P_n(X_0,Y_0)^N$、$u_n(X_0,Y_0)^N$、$v_n(X_0,Y_0)^N$ 平均值。

由式（6-8）、式（6-9）可得：

$$R = R_v i + R_u j \tag{6-11}$$

式中：R 为相关合成矢量，i、j 为单位矢量。

由图 6-52 显示，在太行山东麓、燕山南麓、汾河河谷、沂蒙山北麓均发生相关场矢量的汇聚现象。对比可知，污染物的汇聚与矢量相关场有明显的相关，显然，地形和地面风场相互作用是形成矢量汇聚的主要原因；图中显示，太行山东麓 NO_2 污染物主要来自东南方向。图 6-53 显示了 2007 年 2 月华北地区最高频率风场及 NO_2 月平均柱密度值，由图可知，2007 年 2 月风场主要汇聚于石家庄、北京、济南以东，郑州西北、太原等山前地区，汇聚区域的 NO_2 柱密度显著高于周边地区，其结果与矢量相关模型计算所得结论一致。由此可见，利用卫星遥感观测结果结合矢量相关模型可对区域内重污染高发地区进行解释与预测。

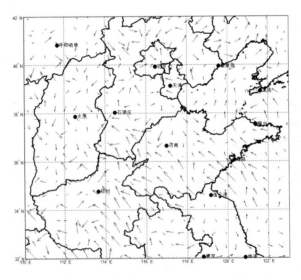

图 6-52　2007 年 2 月风场与 NO_2 平均柱密度值矢量相关场

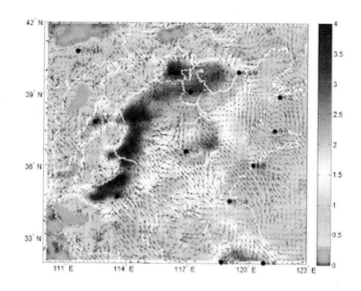

图 6-53 2007 年 2 月华北地区最高频率风场及 NO$_2$ 月平均柱密度值

为进一步研究华北地区主要城市的氮氧化物浓度与周边地面风场的矢量相关，引用序列矢量方法，即将本城市 NO$_2$ 柱密度序列与周边风向、风速序列做矢量相关，以判别主要城市污染物汇聚的范围和主要路径，本书对北京、天津、石家庄、太原、郑州、济南 6 城市进行了相关矢量模型计算。图 6-54a 为北京的矢量相关场，由图可知，西南和偏北气流的汇聚是北京地区矢量相关场的主要特征，受这种矢量场结构的作用，常导致该地区的 NO$_2$ 污染物的汇聚过程。图 6-54b 为天津 NO$_2$ 柱密度同风场的矢量相关图，由图可知，天津与周边地区没有明显汇聚相关结构。图 6-54c 显示太原处于晋中盆地北端，受盆地汇聚影响，导致晋中盆地排放的污染物主要汇聚在太原地区，其 NO$_2$ 浓度高于周边地区。由图 6-54d 可以看出，石家庄地处太行山东麓山坳地区，是华北平原东南风和太行山山风的汇聚区，主要受自东南方向大面积偏东相关风场影响，华北平原以及忻州盆地排放的氮氧化物汇聚于石家庄，石家庄经常是华北地区最重的 NO$_2$ 污染区，同时形成明显的由石家庄沿太行山麓向北京输送的西南相关风场通道。图 6-54e 为郑州 NO$_2$ 柱密度与风场矢量相关场，由图可知，郑州周边没有明显的污染物滞留特征。图 6-54f 显示济南及沂蒙北麓有弱矢量汇聚区。综上所述，在大尺度天气系统背景下，由地形及近地面流畅特征影响的局地中小尺度相关流场汇聚区常导致 NO$_2$ 浓度显著高于周边地区的现象。显然，用矢量相关场的模型能够显示 NO$_2$ 浓度的区域重污染分布的主要特征，区域内的重污染受到地形条件以及风场的显著影响。可见，利用卫星遥感观测结合矢量相关模型可以对重污染区域做出成功的动力解释。

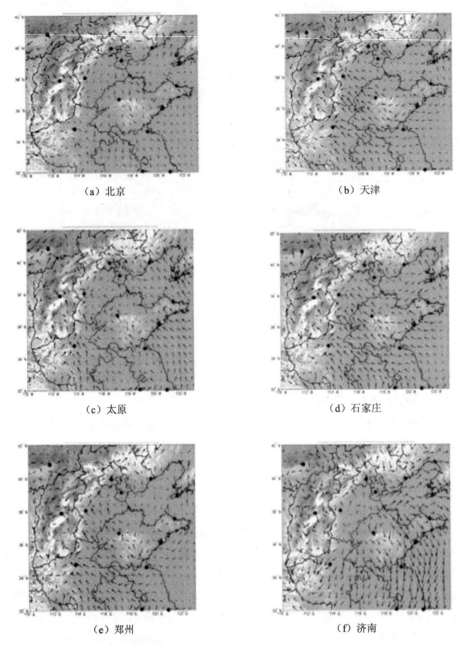

（a）北京　　　　　　　　　　　（b）天津

（c）太原　　　　　　　　　　　（d）石家庄

（e）郑州　　　　　　　　　　　（f）济南

图 6-54　2007 年 2 月华北 6 城市 NO_2 柱密度同风速、风向矢量相关场

第7章　大气重污染预测系统

为解决目前各种空气质量预报方法对重污染预报准确率较低的问题，本书以重污染级别为研究对象，基于大气污染物区域输送汇聚研究和重污染过程与天气型关系研究结果，选取了上万组有效数据，分别针对不同污染程度、不同天气类型研究空气质量与气象要素之间的关系。在此基础上，利用聚类分析、逻辑判别、逐步回归等模拟仿真和统计分析方法，建立了大气重污染预测系统，实现了重污染的自动诊断与空气质量的自动化定量预测。

7.1　大气重污染预测系统概述

大气重污染预测系统通过四部分进行介绍：第一部分为统计分析数据预处理，第二部分为天气类型划分，第三部分为预测核心模式建立，第四部分为系统预测应用与效果评估。在统计分析数据预处理部分，从基础数据库收集整理的大量资料中，选取并配置了上万组空气质量数据（北京 12 个站点的多年 API 小时值）与气象要素数据，筛选其中有效数据共 7 000 余组，并将其分为建立模型用数据及验证模型用数据。其中，能见度数据采用建立模型用数据的全部气象要素与能见度建立逐步回归方程，验证模型数据的能见度通过该回归方程计算得出。在天气类型的划分部分，主要采用了主成分分析和平均链接聚类法，对全部建立模型用数据中的部分气象要素数据进行聚类，实现天气类型的划分。预测模式建立部分，在已建立出的类别内部划分出多个空气污染等级，在各污染等级内部，分别利用逐步回归、多元线性回归、非线性回归等统计分析方法建立核心预测方程，实现重污染级别的空气质量预测。在系统预测应用与效果评估部分，基于验证模型用数据，利用判别聚类方法自动识别数据所属的天气类别，之后利用逻辑回归方法对预测日的污染物浓度进行级别预判。基于污染级别预判结果自动识别相对应的预测方程，进行污染物浓度预测。最后将该预测结果与污染物浓度真实值进行对比，评估预测效果。建立的大气重污染预测系统的结构示意图如图 7-1 所示。

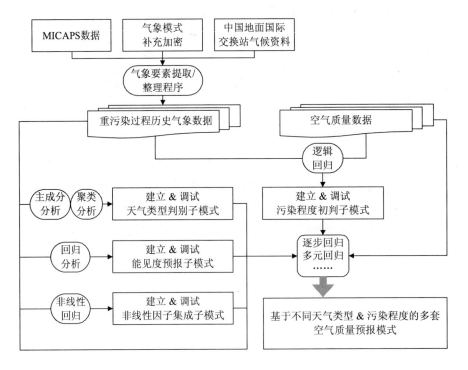

图 7-1　大气重污染预测系统结构图

7.2　天气类型划分

近年来，国内外发展了多种利用客观天气气候方法识别类似的气团和天气类型的方法，有些可以用于揭示气候与环境之间的特定关系。目前，主流的天气类型划分方法主要有 SSC（spatial synoptic classification）和 TSI（temporal synoptic index）两种。

其中，SSC 方法是美国特拉华大学开发研制的天气分类方法。[①] 该方法用于分析多种气候要素对天气的影响，是一种基于自动化和人工的混合分类机制。首先需要人工基于天气学方面的知识，对天气类型进行判断。和许多其他的气团分类方法不一样，SSC 着眼于气团的气象要素以及变化特征而非气团的地理发源地，它仅仅考虑地面气象条件，而忽略气压形势、锋面及高空气流状况等。SSC 的关键工作是从历史资料中挑选每种气团类型的种子日（seed days），即代表某一气团类型的具有典型气象特征的日子。种子日选择经过以下几步：①选择气象变量（如地面温度、露点、海平面气压、总云量、风向和风速等若干变量）；②量化典型气象特征，寻找不同的气团类型在不同月份各气象要素的变化范围；③利用判别函数进行判别分析；④翻阅天气图确认所选择的日子对于某种特定的气团具有代表性；⑤如果种子日没有代表性，则修改标准，重复上述各步，直至选出为止。

特定天气类型的种子日选择完毕后，系统通过判别函数分析把历史上或未来的某一天

① Kalkstein L S，Nichols M C，Barthel C D，et al.. A new spatial synoptic classification：application to air mass analysis[J]. International Journal of Climatology，1996（16）：983-1004.

与各天气类型的种子日进行相似性比较，判断某日气象特征与哪个天气类型的种子日最为相似，就将该日归并为此天气类型，由此可形成天气类型日历。

TSI 天气分型方法依据某地一定时期的气象观测资料，取一系列气象参数，通过主成分分析，得到能客观表达这些气象参数的主成分及其得分矩阵，然后根据离差平方和进行聚类分析，得出该地的主要天气类型。

常用的聚类方法有沃德法、平均链接法（又称平均联系法等）和重心法。Laurence 和谭冠日曾经对这 3 种方法进行比较，结果发现：沃德法倾向于分成天数相等的天气类型；重心法分出的天气类型经常由几个天数极大的类型和几个天数极少的类型组成，显然跟实际情况不太符合；而平均链接法则有效地避免了这两种情况，可以说是一种较好的聚类方法。[①]

SSC 方法在热浪预警方面得到了广泛应用，TSI 是出现较早且比较成熟的天气分型方法。由于 TSI 方法已经成功应用于多种领域中，如空气质量[②]、降雨[③]、气候变化及气候变化对人类的影响[④]、农作物出产状况[⑤]、冰川的形成及消融[⑥]、降雪[⑦]及冻雨预报[⑧]等。基于 TSI 方法应用的成熟化，且具有自动、定量化及计算机化的优点，且 SSC 分类方法中主观要素所占比例较大，故本书选取 TSI 方法作为天气型分类的主要方法。

7.2.1　核心方法基本原理

（1）主成分分析

主成分分析是一种处理高维数据的方法，对高维数据实现降维。

变量太多会增加计算复杂性，且会为解释问题带来困难。并且变量间常有一定的相关性，使变量的信息有所重叠。主成分分析可实现减少数据总量，却能保留原始数据 80%～85%以上的数据信息量，且使得各个主成分的数据相互独立。

本书选取的 TSI 方法的基本步骤是主成分分析和聚类分析，在天气分型中[⑨]，主成分

① Laurence S K，Guanri T，Jon A S．An evaluation of three clustering procedures for use in synopticclassification[J]．1987（5）．

② Kalkstein L S，Corrigan P．A synoptic climatological approach for geographical analysis：Assessment of sulfur dioxide concentrations[J]．Annals Association American Geographers，1986（76）：381-395．

③ Kalkstein L S，Skindlov J A，Sutherland J L．A synoptic evaluation of winter SCENES air quality data．In Mathai，CV（Ed.），Transactions，Visibility and Fine Particles[J]．Pittsburgh，PA：Air and Waste Management Association，1990a：518-526；Cheng S，Ye H，Kalkstein L S．An evaluation of pollution concentrations in Philadelphia using an automated synoptic approach[J]．Middle States Geographer，1992（25）：45-51；Lam K C，Cheng S．A synoptic climatological approach to forecast concentrations of sulfur dioxide and nitrogen oxides in Hong Kong[J]．Environmental Pollution，1998（101）：183-191．

④ Kalkstein L S，Dunne P C，Vose R S．Detection of climatic change in the western North American arctic using a synoptic climatological approach[J]．Journal of Climate，1990b（3）：1153-1167．

⑤ Dilley F B．The statistical relationship between weather-type frequencies and corn（maize）yields in southwestern Pennsylvania[J]．USA．Agricultural and Forest Meteorology，1992（59）：149-164．

⑥ Brazel A J，Kalkstein L S，Chambers F B．Summer energy balance on West Gulkana Glacier，Alaska and linkages to a temporal synoptic inde[J]．Zeitschrift for Geomorpholiqie，1992（86）：15-34．

⑦ Leathers D J，Ellis A W．Synoptic mechanisms associated with snowfall increases to the lee of Lakes Erie and Ontario[J]．International Journal of Climatology，1996（16）：1117-1135．

⑧ Cheng S，Auld H，Li G，et al．An automated synoptic typing procedure to predict freezing rain：An application to Ottawa，Ontario，Canada[J]．Weather and Forecasting，2004（19）：751-768．

⑨ 李四清，张向东．气象因子与空气质量监测预报的关系[J]．现代农业科技，2007（16）：233-236；吴嘉荣．用线性回归法建立城市环境空气质量预报模式[J]．引进与咨询，2005（12）：27-28．

分析先把原始气象数据矩阵存入一系列线性无关并且按照它们解释的变量的量进行排列的成分中，然后计算这些成分和原始气象数据之间的关系（即成分的荷载），成分的得分取决于原始参数的大小和每个成分对变量的贡献。对于 N 天的 k 个成分，将会产生一个 $N×k$ 的得分矩阵。这些得分是加了权重值的和，这些值取决于气象观测和主成分得分。所以，同一成分在气象状况相似日可以得到近似的得分。

选取代表日的一定数量的气象要素，代表一日的天气，进行主成分分析。主成分分析后，选取前 k 个主成分因子逼近原始变量矩阵，得：

$$_mX_n = {_mL_k}S_n \qquad (7\text{-}1)$$

式中：L——载荷矩阵，即主因子与气象原始变量的相关系数矩阵；

$\qquad$ S——得分矩阵，即主成分构成每日天气中的比重。

根据累积方差贡献率达到85%以上的提取原则，提取一定数量的主成分。

（2）平均链接聚类

分类是人类认识世界的基本方法，聚类分析是对样品或变量进行分类的一种多元统计方法，目的在于将相似的事物归类，聚类可将某个对象集划分为若干组。聚类分析就是一种分类方法，它将一批样品、变量（或指标），按照它们在性质上相似、疏远程度进行科学分类。对于同一样本，采用不同的系统聚类方法的结果大体一致，而平均链接法是聚类效果较好、应用比较广泛的一种聚类方法。本书采用了平均链接聚类方法，对预测城市的主成分得分进行聚类。对所有预测日（预测小时值）的主成分得分进行平均链接聚类。

对主成分的得分用平均链接法进行聚类，聚类过程中，各类（组）的组内得分离差平方和越来越大，组间离差平方和越来越小。当组间离差平方和出现最大下降，意味着把差异很大的两组进行合并，这是不适当的，就应在前一步截止聚类，前一步的组就是最优化的天气型。各组所含多日各气象变量的平均值代表该型天气的特征。

这样分型的优点在于：主成分分析可用最少的主成分反映原始变量的最大部分方差；聚类分析选择最相似的天气进行合并；聚类分析所用的平均联系法是天气、气候分型最合适的方法；天气型数目的决定以组间平方和最大下降为原则，是最合理的；天气型特征以同型天气的平均值来表达，平均值是数学期望的无偏估计。分型程序是客观的，一旦取定气象变量，分型就唯一确定了。

7.2.2　天气类型划分方法构建

（1）主成分分析

在实际问题的研究中，往往会涉及众多有关的变量。但是，变量太多不但会增加计算的复杂性，而且也会给合理地分析问题和解释问题带来困难。一般说来，虽然每个变量都提供了一定的信息，但其重要性有所不同，而在很多情况下，变量间有一定的相关性，从而使得这些变量所提供的信息在一定程度上有所重叠。因而人们希望对这些变量加以"改造"，用为数极少的互补相关的新变量来反映原变量所提供的绝大部分信息，通过对新变量的分析达到解决问题的目的。

本书构建主成分分析的基本步骤为：

第一，对数据进行标准化，使其无量纲且数量级相近。

第二，输入全部标准化后的样本，使得每两两主成分的协方差为 0，即两个主成分的方向正交，即每两两主成分相互独立。按照特征根的大小进行排序，即包含数据量的信息的大小排序。

第三，确定主成分个数，使得各个主成分的累积方差贡献率大于 80%～85%，即 p 个主成分包含的信息量等于原始数据信息量的 80%～85%。

第四，输出得分矩阵，得分矩阵 = 原始输入矩阵×主成分矩阵。得分矩阵的行数等于原始矩阵行数，列数等于主成分个数，即实现了降维。得分矩阵用于后续平均链接聚类方法。

以上第二至第四步骤可以通过将数据输入 SPSS、SAS 等统计软件实现，本书为达到对预测系统中全部模块的统一编程，选择基于 Matlab 平台数理统计工具箱进行研究操作。

进行主成分分析前，需要对数据进行标准化。数据的标准化是对变量的数值和量纲进行的一种数据变换。首先对每个变量进行中心化变换，即：

$$x'_{ij} = x_{ij} - x_j \, (i=1,2,3,\cdots,n; \ j=1,2,3,\cdots,p) \tag{7-2}$$

然后用该变量的中心化的结果进行标准化。即有：

$$x_{ij} = \frac{x'_{ij}}{S_j} = \frac{x_{ij} - x_j}{S_j} \tag{7-3}$$

$$S_j = \frac{1}{n-1}\sum_{i=1}^{n}\left(x_{ij} - \overline{x_j}\right)^2; \quad \overline{x_j} = \sum_{i=1}^{n} x_{ij} \tag{7-4}$$
$$(i=1,2,3,\cdots,n; \ j=1,2,3,\cdots n)$$

其中，x_{ij} 为标准化数据，经过标准化变换处理后，每个变量即数据矩阵中每列数据的平均值为 0，方差为 1，且也不再具有量纲，同样也便于不同变量之间的比较。

设 X_1，X_2，$\cdots$，X_p 为某实际问题所涉及的 p 个随机变量。记 $X=(X_1, X_2, \cdots, X_p)$，其协方差矩阵为：

$$\sum =(\sigma_{ij})_{p\times p} = E[(X-E(X))(X-E(X))^T] \tag{7-5}$$

它是一个 p 阶非负定矩阵。设：

$$\begin{cases} Y_1 = l_1^T X = l_{11}X_1 + l_{12}X_2 + L + l_{1p}X_p \\ Y_2 = l_2^T X = l_{21}X_1 + l_{22}X_2 + L + l_{2p}X_p \\ \quad\quad\quad\quad \vdots \\ Y_p = l_p^T X = l_{p1}X_1 + l_{p2}X_2 + L + l_{pp}X_p \end{cases} \tag{7-6}$$

则有：

$$\mathrm{var}(Y_i) = \mathrm{var}(l_i^T X) = l_i^T \sum l_i, \ i=1,2,\cdots,p$$
$$\mathrm{cov}(Y_i,Y_j) = \mathrm{cov}(l_i^T X, l_j^T X) = l_i^T \sum l_j, \ j=1,2,\cdots,p \tag{7-7}$$

一般地，在约束条件 $l_i^T l_i = 1$ 及 $\mathrm{cov}(Y_i,Y_k) = l_i^T \sum l_k = 0, \ k=1,2,\cdots,i-1$ 下，求 l_i 使 $\mathrm{var}(Y_i)$ 达到最大，由此 l_i 所确定的 $Y_i = l_i^T X$ 称为 X_1，X_2，$\cdots$，X_p 的第 i 个主成分。

设 $\sum$ 是 $X = (X_1, X_2, \cdots, X_p)^T$ 的协方差矩阵，$\sum$ 的特征值及相应的正交单位化特征向量分别为 $\lambda_1 \geqslant \lambda_2 \geqslant \cdots \geqslant \lambda_p \geqslant 0$ 及 $e_1, e_2, \cdots, e_p$，则 X 的第 i 个主成分为：

$$Y_i = e_i^T X = e_{i1} X_1 + e_{i2} X_2 + \cdots + e_{ip} X_p, i = 1, 2, \cdots, p \tag{7-8}$$

此时：

$$\begin{cases} \text{var}(Y_i) = e_i^T \sum e_i = \lambda_i, \ i = 1, 2, \cdots, p \\ \text{cov}(Y_i, Y_k) = e_i^T \sum e_k = 0, \ i \neq k \end{cases} \tag{7-9}$$

记 $Y = (Y_1, Y_2, \cdots, Y_p)^T$ 为主成分向量，则 $Y = P^T X$，其中 $P = (e_1, e_2, \cdots, e_p)$，且 $\text{cov}(Y) = \text{cov}(P^T X) = P^T \sum P = \Lambda = \text{diag}(\lambda_1, \lambda_2, \cdots, \lambda_p)$，由此得主成分的总方差为：

$$\sum_{i=1}^{p} \text{var}(Y_i) = \sum_{i=1}^{p} \lambda_i = tr(P^T \sum P) = tr(\sum PP^T) = tr(\sum) = \sum_{i=1}^{p} \text{var}(X_i) \tag{7-10}$$

即主成分分析是把 p 个原始变量 X_1，X_2，$\cdots$，X_p 的总方差 $\sum\limits_{i=1}^{p} \text{var}(X_i)$ 分解成 p 个互不相关变量 Y_1，Y_2，$\cdots$，Y_p 的方差之和，即 $\sum\limits_{i=1}^{p} \text{var}(Y_i)$，而 $\text{var}(Y_k) = \lambda_k$。

第 k 个主成分的贡献率：

$$\frac{\lambda_i}{\sum\limits_{i=1}^{p} \lambda_i} \tag{7-11}$$

前 m 个主成分累计贡献率：

$$\frac{\sum\limits_{i=1}^{m} \lambda_i}{\sum\limits_{i=1}^{p} \lambda_i} \tag{7-12}$$

它表明前 m 个主成分 Y_1，Y_2，$\cdots$，Y_m 综合提供 X_1，X_2，$\cdots$，X_p 中信息的能力。本书选取地面温度、露点、海平面气压、降水、风向、风速共 6 个气象要素代表某时刻的天气特征[①]。除去验证模型用数据外，选取北京 12 个站点多年的逐小时空气质量数据及气象数据共 8 087 组，作为输入矩阵进行主成分分析。

根据式（7-7），主成分分析过程选出根据累积方差贡献率达到 85% 以上的主成分，当某主成分的方差贡献率小于 2% 时，则不采用该主成分。

（2）聚类分析

聚类分析所研究的内容包括两个方面，一方面是对样品进行分类，设 n 个样品，每个样品均用 p 个指标的观测向量 $x_i (i = 1, 2, \cdots, n)$ 来表征，要根据 x_i 间某种相似性度量，将这 n 个样品进行分类。另一方面是对变量进行分类，即对所考察的 p 个指标 $X = (X_1, X_2, \cdots, X_p)'$，根据 n 个观测值 $X = (X_{1i}, X_{2i}, \cdots, X_{pi})' (i = 1, 2, \cdots, n)$ 及某些相似性原则将这 p 个变量 X_1，X_2，$\cdots$，X_p 进行分类。根据上述可以得出原始的观测数据：

---

① 周丽，徐祥德，丁国安，等. 北京地区气溶胶 $PM_{2.5}$ 粒子浓度的相关因子及其估算模型[J]. 气象学报，2003，61（6）：761-768.

$$X = \begin{bmatrix} x_{11} & x_{12} & \cdots & x_{1p} \\ x_{21} & x_{22} & \cdots & x_{2p} \\ \vdots & & & \vdots \\ x_{n1} & x_{n2} & & x_{np} \end{bmatrix} \tag{7-13}$$

对数据应用式（7-3）、式（7-4）进行标准化处理后，建立距离矩阵。常用的距离算法很多，本书采用最常用的欧氏距离来进行计算各样本之间的距离，得距离矩阵 D 为：

$$D = (d_{ij})_{n \times n}, d_{ij} = \left[\sum_{k=1}^{p} (x_{ik} - x_{jk})^2 \right], i, j = 1, 2, \cdots, n \tag{7-14}$$

式中：d_{ij} 为样品 x_i 和样品 x_j 之间的欧氏距离。

之后采用平均链接法进行聚类，类平均法定义两类之间的距离平方为这两类元素两两之间距离平方的平均 D^2_{pq}，即：

$$D^2_{pq} = \frac{1}{n_p n_q} \sum_{x_i \in G_p} \sum_{x_j \in G_p} d^2_{ij} \tag{7-15}$$

设 G_p 与 G_q 合并成新类 G_r，则任一类 G_k 与 G_r 之间的距离为：

$$\begin{aligned} D^2_{kr} &= \frac{1}{n_k n_r} \sum_{x_i \in G_k} \sum_{x_j \in G_r} d^2_{ij} = \frac{1}{n_k n_r} \left[\sum_{x_i \in G_k} \left(\sum_{x_i \in G_p} d^2_{ij} + \sum_{x_i \in G_q} d^2_{ij} \right) \right] \\ &= \frac{1}{n_k n_r} \left[\sum_{x_i \in G_k} \sum_{x_j \in G_p} d^2_{ij} + \sum_{x_i \in G_k} \sum_{x_j \in G_q} d^2_{ij} \right] \\ &= \frac{1}{n_k n_r} \left[n_k n_r D^2(G_k, G_p) + n_k n_r D^2(G_k, G_q) \right] \\ &= \frac{n_p}{n_r} D^2(G_k, G_p) + \frac{n_p}{n_r} D^2(G_k, G_q) \\ &= \frac{n_p}{n_r} D^2_{kp} + \frac{n_p}{n_r} D^2_{kq} \end{aligned} \tag{7-16}$$

即在已经建立好的欧氏距离矩阵中找出最小的元素，将其合并为新类，然后按照上述平均链接距离的定义公式进行计算，得出新的距离矩阵，再重复上述过程直到所有的元素都聚为一类为止。[①]

以 4 个主成分的得分值矩阵作为平均链接聚类模块的输入数据，平均联系聚类的谱系图如图 7-2 所示。该图的 X 轴实际共有 8 087 个数据点，此图为示意图，只显示 30 个数据点，且 X 坐标轴上所示的数据点为大量数据点应用平均链接聚类后聚成的类别点。为同时保证可建立方程的类别更多且每一类别内的样本更为平均，对聚类个数进行了试验，结果表明，聚类结果分为 12 类时，可建立方程的类别较多，且每一类别内的数据更为平均。

---

① 查伟雄，李敏. 高速公路交通事故类平均系统聚类法实证分析[J]. 华东交通大学学报，2010，27（6）：113-118.

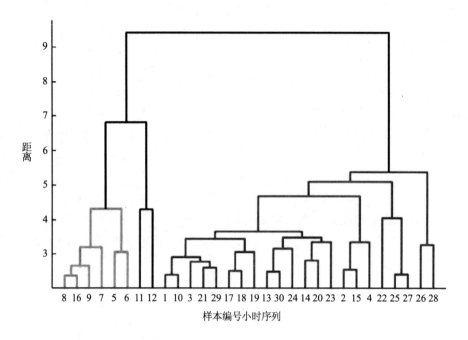

图 7-2 主成分得分值样本的平均联系聚类谱系图示意

由于聚类后个别类别内所含数据量较小，而建立回归方程所需的样本数需至少是自变量个数的 5～10 倍，本例中自变量个数为 35 个，故在模型内引入了自动判别系统，当类别内所含天数小于 500 d [500＞（35×10）]时，不建立该类。由于类别内部的气象要素具有更加相似的性质，在模型内后接的定量分析中，于各个类别内部分别建立回归方程，以达到更加准确的预报率。

无法建立的类别由于其气象要素特征各不相同，且样本数量不足以建立回归方程，故模型内部设置了自动判别。在对用于预测的数据进行天气类型划分时，若样本归类于无法建立类别的此 9 类中，则采用全部样本建立的回归方程用于预测，以达到更好的回归效果及预测效果。

7.3 污染程度初判

为了使得不同污染级别，尤其是重污染天气的空气质量预测更加准确，在不同污染级别内分别建立预测方程，在对预测样本进行定量化预测之前，先对预测样本的污染级别进行定性初判，而后代入不同级别内的预测方程进行定量化计算。

线性回归模型的一个局限性是要求因变量是定量变量（定距变量、定比变量）而不能是定性变量（定序变量、定类变量）。但是在许多实际问题中，经常出现因变量是定性变量（分类变量）的情况。可用于处理分类因变量的统计分析方法有：判别分析（Discriminant analysis）、Probit 分析、Logistic 回归分析和对数线性模型等。在本书中，应用的是 Logistic 回归分析。Logistic 回归分析根据因变量取值类别不同，又可以分为 Binary Logistic 回归分析和 Multinomial Logistic 回归分析，Binary Logistic 回归模型中因变量只能取两个值 1 和 0

（虚拟因变量），而 Multinomial Logistic 回归模型中因变量可以取多个值。由于本书中需要通过逻辑回归根据某一预测日的气象要素，对空气质量进行定性的预判定，给出 API 值是否大于等于 150（250 等）的定性结果，给出 1 或 0 的定性结论即可，故选取 Binary Logistic 回归模型，以下简称逻辑回归模型（Logistic 回归模型）。

变量只取两个值，表示一种决策、一种结果的两种可能性，即为 API 大于等于 150（或 250 等），把 $Y=1$ 定义为大于等于 150（或 250 等），$Y=0$ 定义为小于等于 150（或 250 等）。可以采用多种方法对取值为 0、1 的因变量进行分析。通常以 p 表示事件发生的概率（事件未发生的概率为 $1-p$），并把 p 看作自变量 X_i 的线性函数，即：

$$p = P(y=1) = F(\beta_i X_i)(i=1,2,\cdots,k) \tag{7-17}$$

不同形式的 $F(*)$，就有不同形式的模型，最简单的为线性模式，即：

$$p = \beta_0 + \beta_1 X_1 + \cdots + \beta_k X_k + \varepsilon \tag{7-18}$$

但因 p 的值一定在区间 [0, 1] 内，而且当 p 接近于 0 或 1 时，自变量即使有很大变化，p 的值也不可能变化很大。从数学上看，函数 p 对 X_i 的变化在 $p=0$ 或 $p=1$ 的附近是不敏感的、缓慢的，且非线性的程度较高。于是要寻求一个 p 的函数 $\theta(p)$，使得它在 $p=0$ 或 $p=1$ 附近时变化幅度较大，引入 p 的 Logistic 变换（或称为 p 的 Logit 变换）。

7.3.1　核心方法基本原理

逻辑变换的基本方法为：

$$\theta(p) = \text{logit}(p) = \ln\left(\frac{p}{1-p}\right) \tag{7-19}$$

其中 $\text{logit}(p)$ 是因变量 $Y=1$ 的差异比（odds ratio）或似然比（likelihood ratio）的自然对数，称为对数差异比（log odds ratio）、对数似然比（log likelihood ratio）或分对数。

$\theta(p)$ 以 logit（0.5）=0 为中心对称，$\theta(p)$ 在 $p=0$ 和 $p=1$ 的附近变化幅度很大，而且当 p 从 0 变化 1 时，$\theta(p)$ 从 $-\infty$ 变到 $+\infty$。用 $\theta(p)$ 代替（7-18）中的 p，就克服了前面指出的两点困难。如果 p 对 X_i 不是线性的关系，$\theta(p)$ 对 X_i 就可以是线性的关系了。用 $\theta(p)$ 代替式（7-19）中的 p，得：

$$\theta(p) = \ln\left(\frac{p}{1-p}\right) = \beta_0 + \beta_1 X_1 + \cdots + \beta_k X_k + \varepsilon \tag{7-20}$$

由（7-20），将 p 由 θ 表示，得：

$$p = \frac{e^\theta}{1+e^\theta} = \frac{e^{\beta_0+\beta_1 X_1+\cdots+\beta_k X_k+\varepsilon}}{1+e^{\beta_0+\beta_1 X_1+\cdots+\beta_k X_k+\varepsilon}} \tag{7-21}$$

7.3.2　定性判别方法构建

本书将污染程度分为 3 个等级，第一个等级为 $API \in (0,150)$，第二个等级为

API $\in$ [150,250)，第三个等级为 API $\in$ [250,+∞)，如表 7-1 所示。构建逻辑回归部分时，首先设定一个与建立矩阵等行数的一维行向量，其中对应建立矩阵中 API$\geqslant$150 的行中的元素为 1，API<150 的为 0。根据该行向量及对应的气象要素矩阵，应用 Matlab 中以下语句构建逻辑回归初判方程：

$$b = \text{glmfit} (X, y, \text{distr}, \text{param}, \text{val})$$

其中，分布方式（distr）选取"normal"，参数（param）选取"link"，值（val）选取"logit"，对 API 是否大于等于 150 的初判建立逻辑回归方程。同理，对 API$\geqslant$250 的情况建立逻辑回归方程用于 API 是否大于等于 250 的初判。

对于验证数据，应用 Matlab 中以下语句进行 API 初判：

$$\text{yhat} = \text{glmval} (b, X, \text{link})$$

其中，b 为逻辑回归初判方程中构建得到的系数矩阵，X 为验证数据矩阵，link 为对应的构建逻辑回归方程时选取的参数。

对于验证矩阵的 API 等级初判具体步骤为：首先，对预测日进行是否属于第一个等级的初判，初判过程中，建立逐步回归模型时选取的样本为全部的建立模型用矩阵，当判定其不属于第一个等级，则进入下一级别的逻辑判别。对预测日是否属于第二个级别的判断时，建立逐步回归模型选取的样本为建立模型用矩阵中 API 大于 150 的全部样本，当判定其不属于第二个等级时，自动判定其属于第三个等级。判别流程如图 7-3 所示。

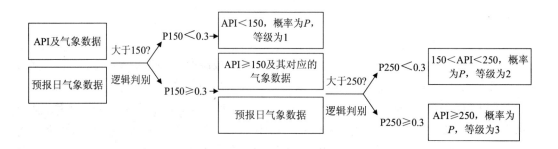

图 7-3　逻辑回归流程图

表 7-1　逻辑回归等级及对应 API 范围

	等级 1	等级 2	等级 3
API 范围	API $\in$ (0,150)	API $\in$ [150,250)	API $\in$ [250,+∞)

图 7-3 所示的流程图中，将 P150（或 P250）值的判定值设定为 0.3，即当 API 值大于 150（或 250）的概率大于等于 0.3，即判断其通过进入下一等级的条件，而此 P 值的判定值，需通过对模型的调试及预报准确率的分析进行设定。

7.4　重污染定量预测

本书选取了地表温度，地表气压，X、Y、Z 方向风分量，24 h 变压，24 h 变温等地面气象要素，以及 500 hPa、850 hPa 等不同高度的气象要素作为定量方法中的统计方法的输入数据，采用了多元线性回归、逐步回归、非线性回归等多种统计方法，建立空气质量的预测模型，应用高时空分辨率气象模式得出的气象要素结果，代入预测模型进行 API 的定量化模拟，对定量用因子的选入以及定量方法的确定以及重污染天气分级方法进行探讨，并针对定量部分的效果进行评价。

7.4.1　预测相关因子选取

基于高浓度污染特征与污染形成消散规律等机理研究成果，利用主成分分析、相关度排序等方法，筛选出 4 类（30 余个）重污染预报因子。

（1）当地气象条件

当地气象条件对空气质量的影响至关重要，因此在预报地区选取地表、高空等多个气象要素作为预报因子。因子包括地表温度、地表气压、地表风速、地表风向、降水量、500 hPa 高空温度、500 hPa 高空风速、850 hPa 高空温度、850 hPa 高空风速等。

（2）集成气象因子

为更好地体现大气污染的区域性和时序变化特征，除当地气象条件外，对部分气象条件进行地域、时间的集成，形成集成气象因子，包括区域平均温度、区域对角气压差、气压梯度、24 h 变温、24 h 变压、850 hPa 与地表温差（该因子可表征 850 hPa 以下的层结稳定状况[①]）等。另外，引入地表温度与地表风速的非线性因子。

（3）预报时间前空气质量因子

空气质量的变化具有一定的连续变化规律，因此为体现空气质量变化的时序性演化特征，引入预报时间前短时间内的空气质量数据，如预报时间前 3 h 空气质量数据、预报时间前 2 h 空气质量数据、预报时间前 1 h 空气质量数据、空气质量变化斜率、空气质量变化截距等。

（4）非气象因素

在影响大气重污染的各主要因素中，除气象条件外，还有污染源排放等因素。因此，为在预报系统中体现非气象条件因素对空气质量的影响情况，引入污染源变化因子，如区域年际源排放修正系数、当地年际源排放修正系数、采暖季和非采暖季修正系数等。

7.4.2　基于统计分析的预测方法

在许多实际问题中，常常会遇到要研究一个随机变量与多个变量之间的相关关系，研究这种一个随机变量同其他多个变量之间的关系的主要方法是运用多元回归分析（multiple regression analysis）。而其中最为简单、常用并且具有基础性质的是多元线性回归分析（multiple linear regression analysis），还有非线性回归（non-linear regression）和多项式回归

---

① 张占清. MOS 预报中的非线性因子处理[J]. 内蒙古气象，2001，（2）：25-27.

（polynomial regression）等。

（1）多元线性回归分析

研究多元线性回归分析的思想、方法和原理与直线回归分析基本相同，但是在计算上要比直线回归分析复杂得多。多元线性回归分析的基本任务包括：根据因变量与多个自变量的实际观测值建立因变量对多个自变量的多元线性回归方程；检验、分析各个自变量对因变量的综合线性影响的显著性；检验、分析各个自变量对因变量的单纯线性影响的显著性；评定各个自变量对因变量影响的相对重要性以及测定最优多元线性回归方程的偏离度等。

①多元线性回归的基本原理

设因变量 y 与自变量 x_1，x_2，$\cdots$，x_m 共有 n 组实际观测数据。

表 7-2　因变量与自变量表

序号＼变量	y	x_1	x_2	$\cdots$	x_m
1	y_1	x_{11}	x_{21}	$\cdots$	x_{m1}
2	y_2	x_{12}	x_{22}	$\cdots$	x_{m2}
$\vdots$	$\vdots$	$\vdots$	$\vdots$	$\cdots$	$\vdots$
n	y_n	x_{1n}	x_{2n}	$\cdots$	x_{mn}

假定因变量 y 与自变量 x_1，x_2，$\cdots x_m$ 间存在线性关系，其数学模型为：

$$y_j = \beta_0 + \beta_1 x_{1j} + \beta_2 x_{2j} + \cdots + \beta_m x_{mj} + \varepsilon_j \tag{7-22}$$

式中：x_1，x_2，$\cdots$，x_m 为可以观测的一般变量（或为可以观测的随机变量）；y 为可以观测的随机变量，随 x_1，x_2，$\cdots$，x_m 而变，受试验误差影响；ε_j 为相互独立且都服从 $N(0, \sigma^2)$ 的随机变量。根据实际观测值对 β_0，β_1，β_2，$\cdots$，β_m 以及方差 σ^2 作出估计。

设 y 对 x_1，x_2，$\cdots$，x_m 的 m 元线性回归方程为：

$$\hat{y} = b_0 + b_1 x_1 + b_2 x_2 + \cdots + b_m x_m \tag{7-23}$$

其中的 b_0，b_1，b_2，$\cdots$，b_m 为 β_0，β_1，β_2，$\cdots$，β_m 的最小二乘估计值。即 b_0，b_1，b_2，$\cdots$，b_m 应使实际观测值 y 与回归估计值 $\hat{y}$ 的偏差平方和最小。

令 $Q = \sum\limits_{j=1}^{n} (y_j - \hat{y}_j)^2 = \sum\limits_{j=1}^{n} (y_j - b_0 - b_1 x_{1j} - b_2 x_{2j} - \cdots - b_m x_{mj})^2$

Q 为关于 b_0，b_1，b_2，$\cdots$，b_m 的 $m+1$ 元函数。

根据微分学中多元函数求极值的方法，若使 Q 达到最小，则应有：

$$\frac{\partial Q}{\partial b_0} = -2 \sum_{j=1}^{n} (y_j - b_0 - b_1 x_{1j} - b_2 x_{2j} - \cdots - b_m x_{mj}) = 0$$

$$\frac{\partial Q}{\partial b_i} = -2 \sum_{j=1}^{n} x_{ij} (y_j - b_0 - b_1 x_{1j} - b_2 x_{2j} - \cdots - b_m x_{mj}) = 0$$

$$(i = 1, 2, \cdots, m)$$

经整理得：

$$\begin{cases} nb_0 & + & (\sum x_1)b_1 & + & (\sum x_2)b_2 & + & \cdots & + & (\sum x_m)b_m & = & \sum y \\ (\sum x_1)b_0 & + & (\sum x_1^2)b_1 & + & (\sum x_1 x_2)b_2 & + & \cdots & + & (\sum x_1 x_m)b_m & = & \sum x_1 y \\ (\sum x_2)b_0 & + & (\sum x_2 x_1)b_1 & + & (\sum x_2^2)b_2 & + & \cdots & + & (\sum x_2 x_m)b_m & = & \sum x_2 y \\ \vdots & & \vdots & & \vdots & & \cdots & & \vdots & & \vdots \\ (\sum x_m)b_0 & + & (\sum x_m x_1)b_1 & + & (\sum x_m x_2)b_1 & + & \cdots & + & (\sum x_m^2)b_m & = & \sum x_m y \end{cases} \quad (7\text{-}24)$$

由方程组（7-24）中的第一个方程可得：

$$b_0 = \overline{y} - b_1 \overline{x}_1 - b_2 \overline{x}_2 - \cdots - b_m \overline{x}_m \quad (7\text{-}25)$$

即：

$$b_0 = \overline{y} - \sum_{i=1}^{m} b_i \overline{x}_i \quad (7\text{-}26)$$

其中：$\overline{y} = \dfrac{1}{n}\sum_{j=1}^{n} y_j$ ，$\overline{x}_i = \dfrac{1}{n}\sum_{j=1}^{n} x_{ij}$

若记：

$$\mathrm{SS}_i = \sum_{j=1}^{n}(x_{ij} - \overline{x}_i)^2 ,$$

$$\mathrm{SS}_y = \sum_{j=1}^{n}(y_j - \overline{y})^2 ,$$

$$\mathrm{SP}_{ik} = \sum_{j=1}^{n}(x_{ij} - \overline{x}_i)(x_{kj} - \overline{x}_k) = \mathrm{SP}_{ki} ,$$

$$\mathrm{SP}_{io} = \sum_{j=1}^{n}(x_{ij} - \overline{x}_i)(y_j - \overline{y}) ,$$

$$(i,\ k = 1,\ 2,\ \cdots,\ m;\ i \neq k) \quad (7\text{-}27)$$

并将 $b_0 = \overline{y} - b_1 \overline{x}_1 - b_2 \overline{x}_2 - \cdots - b_m \overline{x}_m$ 分别代入方程组（7-24）中的后 m 个方程，经整理可得到关于偏回归系数 b_1, b_2, $\cdots$, b_m 的正规方程组（normal equations）为：

$$\begin{cases} \mathrm{SS}_1 b_1 & + & \mathrm{SP}_{12} b_2 & + & \cdots & + & \mathrm{SP}_{1m} b_m & = & \mathrm{SP}_{10} \\ \mathrm{SP}_{21} b_1 & + & \mathrm{SS}_2 b_2 & + & \cdots & + & \mathrm{SP}_{2m} b_m & = & \mathrm{SP}_{20} \\ \vdots & & \vdots & & \cdots & & \vdots & & \vdots \\ \mathrm{SP}_{m1} b_1 & + & \mathrm{SP}_{m2} b_2 & + & \cdots & + & \mathrm{SS}_m b_m & = & \mathrm{SP}_{m0} \end{cases} \quad (7\text{-}28)$$

解正规方程组（7-28）即可得偏回归系数 b_1, b_2, $\cdots$, b_m 的解，而：

$$b_0 = \overline{y} - b_1 \overline{x}_1 - b_2 \overline{x}_2 - \cdots - b_m \overline{x}_m \qquad 见 (7\text{-}25)$$

于是得到 m 元线性回归方程：

$$\hat{y} = b_0 + b_1 x_1 + b_2 x_2 + \cdots + b_m x_m \quad (7\text{-}29)$$

②多元线性回归的构建步骤

选取地表温度、累计潜在蒸发能量、地表气压、总积云对流降水累计、X 方向风分量、

Y 方向风分量、Z 方向风分量、扰动位温、扰动气压、累积地热通量、模型顶端气压、边界层高度等地面气象因子、500 hPa 及 850 hPa 的 X、Y、Z 方向风分量、扰动气压、扰动位温等高空气象因子，以及 24 h 变压、24 h 变温、风的矢量化因子等二次气象因子，结合空气质量一次及集成因子，共计变量共 35 个，作为定量方法中统计方法的输入数据。借助 Matlab 平台建立回归方程，于天气型分类后的类别内，根据污染物的三个等级，$API \in (0,150)$、$API \in [150,250)$ 及 $API \in [250,+\infty)$，建立天气类型内不同污染物浓度下的多元线性回归预测方程。

应用判别聚类及逻辑回归对污染物浓度进行天气类型判定及污染物浓度定性判定后，代入相应的预测方程，计算出污染物浓度结果。

（2）逐步回归分析

当对显著的多元线性回归方程中各个偏回归系数进行显著性检验都为显著时，说明各个自变量对因变量的单纯影响都是显著的。若有一个或几个偏回归系数经显著性检验为不显著时，说明其对应的自变量对因变量的作用或影响不显著，或者说这些自变量在回归方程中是不重要的，此时应该从回归方程中剔除一个不显著的偏回归系数对应的自变量，重新建立多元线性回归方程，再对新的多元线性回归方程或多元线性回归关系以及各个新的偏回归系数进行显著性检验，直至多元线性回归方程显著，并且各个偏回归系数都显著为止。这种筛选多元线性回归系数的方法称为后向选择法。对应于此方法的还有前向选择法，即回归方程中的回归系数从无到有、从少到多逐个引入回归方程。这种选择自变量的方法基于残差均方缩小的准则。逐步回归法是在前述两种方法的基础上进行双向筛选的一种方法。逐步回归法的思想是：先按前进法引入自变量，再按后退法对方程中的自变量进行回归系数的显著性偏 F 检验，将最不显著的变量剔除。直至既无显著的自变量选入回归方程，也无不显著自变量从回归方程中剔除。当多元线性回归方程显著，且各个偏回归系数都显著时，逐步回归法能够保证最终确定的方程是显著的，且方程的每个自变量对因变量的线性影响也是显著的，此时，该多元线性回归方程即为逐步回归方程。

①逐步回归的基本原理

以"向后法"为例介绍逐步回归的基本原理。首先进行自变量的剔除。当经显著性检验有几个不显著的偏回归系数时，一次只能剔除一个不显著的偏回归系数对应的自变量，被剔除的自变量的偏回归系数，应该是所有不显著的偏回归系数中的 F 值（或 $|t|$ 值，或偏回归平方和）为最小者。这是因为自变量之间往往存在着相关性，当剔除某一个不显著的自变量之后，其对因变量的影响很大部分可以转加到其他不显著的自变量对因变量的影响上。如果同时剔除两个以上不显著的自变量，那就会比较多地减少回归平方和，从而影响利用回归方程进行估测的可靠程度。

重新进行少一个自变量的多元线性回归分析。一次剔除一个不显著的偏回归系数对应的自变量，不能简单地理解为只需把被剔除的自变量从多元线性回归方程中去掉就行了，这是因为自变量间往往存在相关性，剔除一个自变量，其余自变量的偏回归系数的数值将发生改变，回归方程的显著性检验、偏回归系数的显著性检验也都需重新进行，也就是说应该重新进行少一个自变量的多元线性回归分析。

设因变量 y 与自变量 x_1, x_2, …x_m 的 m 元线性回归方程为：

$$\hat{y} = b_0 + b_1 x_1 + b_2 x_2 + \cdots + b_m x_m$$

见（7-29）

如果 x_i 为被剔除的自变量，则 $m-1$ 元线性回归方程为：

$$\hat{y} = b_0' + b_1' + \cdots + b_{i-1}'x_{i-1} + b_{i+1}'x_{i+1} + \cdots + b_m'x_m \tag{7-30}$$

用 m 元线性回归方程与 $m-1$ 元线性回归方程的对应偏回归系 b_j 与 b_j' 的关系以及 m 元正规方程组系数矩阵逆矩阵 C 的元素与 $m-1$ 元正规方程组系数矩阵逆矩阵 C' 的元素之间的关系建立 $m-1$ 元线性回归方程。

设关于 $m-1$ 元线性回归方程（7-30）中的偏回归系 b_1'，b_2'，$\cdots$，b_{i-1}'，b_{i+1}'，$\cdots$，b_m' 的正规方程组系数矩阵的逆矩阵为 C'，其各元素为

$$c_{jk}' \quad (j, \ k = 1, \ 2, \ \cdots, \ i-1, \ i+1, \ \cdots, \ \mathrm{m}; \ j \neq i; \ k \neq i)$$

可以证明：

$$c_{jk}' = c_{jk} - \frac{c_{ji}c_{ki}}{c_{ii}} \tag{7-31}$$

式中：c_{jk}，c_{ji}，c_{ki}，c_{ii} 均为 m 元正规方程组系数矩阵逆矩阵 C 的元素。可计算出新的 $m-1$ 阶逆矩阵 C' 的各元素，以进行 $m-1$ 元线性回归方程的偏回归系数 b_j' 的显著性检验。

$m-1$ 元线性回归方程中的偏回归系数 b_j' 与 m 元线性回归方程中偏回归系数 b_j 之间有如下关系：

$$b_j' = b_j - \frac{c_{ij}}{c_{ii}} \cdot b_i \quad (j=1,2,\cdots,i-1,i+1,\cdots,m) \tag{7-32}$$

式（7-32）说明了可以利用原来的 m 元线性回归方程中的偏回归系数和 m 元正规方程组系数矩阵的逆矩阵 C 的元素 C_{ij} 来计算剔除一个自变量之后新的 $m-1$ 元线性回归方程中的各偏回归系数。

而新的 $m-1$ 元线性回归方程中常数项 b_0' 由下式计算：

$$b_0' = \bar{y} - b_1'\bar{x}_1 - \cdots - b_{i-1}'\bar{x}_{i-1} - b_{i+1}'\bar{x}_{i+1} - \cdots - b_m'\bar{x}_m \tag{7-33}$$

于是利用式（7-33）可以方便地算出新的 $m-1$ 元线性回归方程中的各个偏回归系数及常数项，这样即建立了剔除一个自变量之后新的 $m-1$ 元线性回归方程：

$$\hat{y} = b_0' + b_1'x_1 + \cdots + b_{i-1}'x_{i-1} + b_{i+1}'x_{i+1} + \cdots + b_m'x_m \tag{7-34}$$

在重新建立 $m-1$ 元线性回归方程之后，仍然需要对 $m-1$ 元线性回归关系和偏回归系数 b_j' 进行显著性检验，方法同前，但一些统计量需要重新进行计算。对于 $m-1$ 元线性回归方程（7-30）：

回归平方和 $\mathrm{SS}_R = b_1'\mathrm{SP}_{10} + \cdots + b_{i-1}'\mathrm{SP}_{i-1,0} + b_{i+1}'\mathrm{SP}_{i+1,0} + \cdots + b_m'\mathrm{SP}_{m0}$，

回归自由度 $df_R = m-1$，

离回归平方和 $\mathrm{SS}_r = \mathrm{SS}_y - \mathrm{SS}_R$，

离回归自由度 $df_r = n-m$

$$\tag{7-35}$$

对偏回归系数 b_j' 进行显著性检验时：

$t_{b_j'} = b_j' / S_{b_j'}, df = n-m$，

$$S_{b_j'} = S_{y \cdot 12 \cdots i-1\, i+1 \cdots m} \sqrt{c_{jj}'}$$

$$S_{y \cdot 12 \cdots i-1\, i+1 \cdots m} = \sqrt{\frac{MS_r}{n-m}}, \quad MS_r \text{为新的回归均方。} \tag{7-36}$$

而新的偏回归平方和为：$SS_{b_j'} = b_J'^2 / c_j'$ （7-37）

$$F_{b_j'} = \frac{MS_{b_j'}}{MS_r} = \frac{SS_{b_j'}}{MS_r} = \frac{b_J'^2 / c_{jj}'}{MS_r} \quad (df_1 = 1, df_2 = n - m) \tag{7-38}$$

上式中的 MS_r 仍为新的离回归均方。

重复上述步骤，直至回归方程显著以及各偏回归系数都显著为止，即建立了逐步回归方程。逐步回归分析过程如图7-4所示。

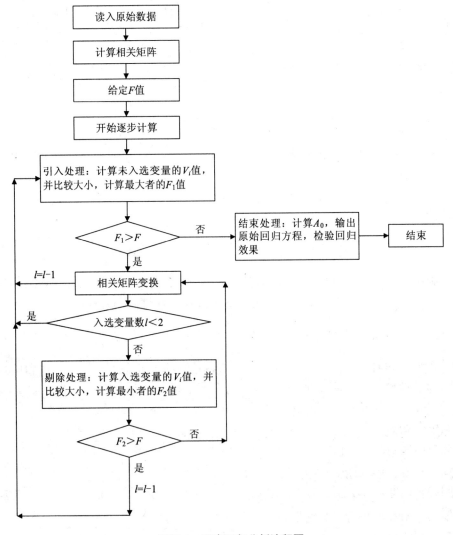

图7-4 逐步回归分析流程图

②逐步回归的构建步骤

选取地表温度、累计潜在蒸发能量、地表气压、总积云对流降水累计、X 方向风分量、Y 方向风分量、Z 方向风分量、扰动位温、扰动气压、累积地热通量、模型顶端气压、边界层高度等地面气象因子、500 hPa 及 850 hPa 的 X、Y、Z 方向风分量、扰动气压、扰动位温等高空气象因子，以及 24 h 变压、24 h 变温、风的标量化因子等二次气象因子，结合空气质量一次及集成因子，共计变量共 35 个，作为定量方法中统计方程的输入数据。借助 Matlab 平台建立回归方程，于天气型分类后的类别内，根据污染物的三个等级，$API \in (0,150)$、$API \in [150,250)$ 及 $API \in [250,+\infty)$，建立天气类型内不同污染物浓度下的逐步回归预测方程。

应用判别聚类及逻辑回归对污染物浓度进行天气类型判定及污染物浓度定性判定后，代入相应的预测方程，计算出污染物浓度结果。

（3）非线性回归

在许多实际问题中，变量之间的关系并不都是线性的。常会出现被解释变量与解释变量之间呈现某种曲线关系的情况。[①] 本书中，部分集成因子采用了非线性的集成方式，例如风标量因子、空气质量斜率及截距等因子。

①非线性回归的基本原理

在实际工作中，人们通常只能获得自变量与因变量的观测数据集合，而往往不知道具体的模型关系形式。尤其是在自变量维数较高且自变量与因变量之间为非线性关系时，问题就更加复杂了。在这种情况下，一种较为简单的情形是考虑各维自变量的加法模型，即：

$$y = f_1(x_1) + f_2(x_2) + \cdots f_p(x_p) + \varepsilon \qquad (7\text{-}39)$$

根据拟线性的思想，可以将（7-39）中的自变量函数 $f_j(x_j)$ 进行变量替换，得到拟线性回归模型，则模型求解就相对容易。然而，在实际问题中，自变量函数 $f_j(x_j)$ 往往是未知的，模型仍然无法求解。对此可以采用数值分析理论中的样条函数对 $f_j(x_j)$ 进行函数逼近来解决这一问题，即选取样条函数进行转换，得到：

$$y = \varphi_1(x_1) + \varphi_2(x_2) + \cdots \varphi_p(x_p) + \varepsilon \qquad (7\text{-}40)$$

而由于样条函数是由若干分段多项式组合而成的，因此式（7-40）是一个拟线性回归模型，可以考虑利用线性回归技术进行模型的参数估计。

对于非线性部分，首先，分别建立 y 对各 x_i（$i=1$，2，$\cdots$，p）的最佳一元回归模型。通常先按如下 6 种初等函数建立后，经过多种比较，如比较相关系数 R、RMSE、残差序列随机性检验统计量 D-W 等，从中选择合适的一元回归模型。

常用的初等函数有：

线性函数 $Y = a + bx$

双曲线函数 $1/Y = a + b/x$

指数函数 $Y = a \times \exp(bx)$

---

① Benjey W G. User manual for the EPA third-generation air quality modeling system[M]. United States Environmental Protection Agency，1999，EPA/600/R-99/055.

对数函数 $Y = a + b \times \ln x$

幂函数 $Y = ax^b$

分式指数函数 $Y = a \times \exp (b/x)$

设 Y 与各 X_i（$i = 1, 2, \cdots, p$）建立的最佳一元回归模型其函数变换形式 $Y = f_i (x)$。

最后，将 Y 对 $f_1(x_1)$, $f_2(x_2)$, $\cdots$, $f_p(x_p)$ 进行多元线性回归，这样就建立了 Y 对 x_1, x_2, $\cdots$, x_p 的多元非线性回归模型，若此模型通过有关检验，则可用于预测。

②非线性回归的构建步骤

国外相关研究指出，对于大气污染物预测模型中，加入非线性要素可以对线性预测模型的相关系数带来一定提高，故可于预测模型中引入非线性因子，形成一个拟线性回归模型，[1] 如式（7-40）。在本书中引入的非线性回归因子为前文所述的 24 h 变温变压、风的标量化因子、过去时刻空气质量斜率及截距、过去时刻空气质量差值几项非线性因子。这几项非线性因子将作为预测因子补充至一次因子数据列之后。

7.5 预测系统集成

本书基于 Matlab 平台，对第 7.2 节至 7.4 节的三部分介绍的子模块进行综合集成，建立重污染过程预测模式。在模式应用过程中，利用 WRF 气象模式的运算提取结果以及历史时序空气质量数据作为输入进行预测，根据监测结果[2]对本系统进行验证。预测模式的集成与应用流程示意图如图 7-5 所示。

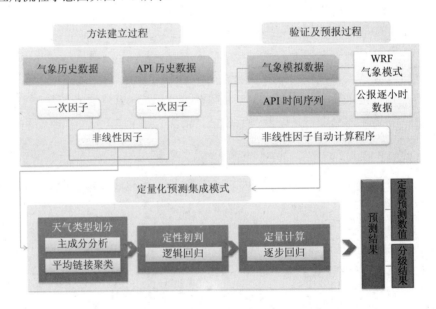

图 7-5　重污染定量化预测模型的集成及应用

① Geoffrey W. An enhanced PM$_{2.5}$ air quality forecast model based on nonlinear regression and back-trajectory concentration[J]. 2010（44）：3015-3023.

② 徐宏辉. 北京及周边地区大气气溶胶的质量浓度和无机组分的特征及其来源研究[D]. 北京：中国科学院研究生院，2007：89-93.

　　定量化预测模型主要由三部分组成，首先由一次气象因子建立天气类型划分模块，该模块根据气象要素将历史天气数据划分为若干类别。其次结合气象因子及空气质量因子，于类别内建立污染程度的初判，给出空气质量大致范围。最后在不同天气类型内部，不同空气质量等级之中，根据空气质量及气象要素数据，分别建立空气质量预测方程。将预测或验证数据的预测因子输入至系统，经过天气类型判别子模块，定性化判别子模块后，程序将对预测或验证时段样本的天气类型及污染等级的自动判断，并自动识别天气类型类别与初判等级内相对应的预测方程，根据相应的预测方程计算出样本的空气质量数据。

　　以北京逐小时数据为输入数据，根据上文所述的统计方法，应用逐步回归方法，建立的回归方程如式（7-41）所示。

$$
\begin{pmatrix} API_1 \\ API_2 \\ \vdots \\ API_j \\ \vdots \\ API_m \end{pmatrix} = a + \sum_{i=1}^{n} \begin{pmatrix} b_1 & b_2 & \cdots & b_i & \cdots & b_n \end{pmatrix} \begin{pmatrix} x_{11} & x_{12} & \cdots & x_{1j} & \cdots & x_{1m} \\ x_{21} & x_{22} & \cdots & x_{2j} & \cdots & x_{2m} \\ \vdots & \vdots & & \vdots & & \vdots \\ x_{i1} & x_{i2} & \cdots & x_{ij} & \cdots & x_{im} \\ \vdots & \vdots & & \vdots & & \vdots \\ x_{n1} & x_{n2} & \cdots & x_{nj} & \cdots & x_{nm} \end{pmatrix} \tag{7-41}
$$

式中：API_j——第 j 日的 API 值；

　　　　a——回归方程常数项；

　　　　b_i——回归方程第 i 个气象要素自变量的系数；

　　　　x_{ij}——第 j 日的第 i 个气象要素。

　　由于在模型内引入了自动判别系统，当类别内所含天数小于 500 d 时，不建立该类别。故针对此例，可以建立类别的有 S2、S3 及 S4 三个类别。无法建立类别 S1、S5、S6、S7、S8、S9、S10、S11、S12。由于其气象要素特征各不相同，且样本数量不足以建立回归方程，故模型内部设置了自动判别，针对这些类别采用全部样本建立的回归方程，以达到更好的回归效果，其系数见表中"全部样本"所对应列。另外，当某一类内样本的总量足以建立预测方程，但该类别内不同空气质量范围内不满足建立预测方程的样本总量时，在程序内部设置了自动判别语句，当样本判别为该类别内的该空气质量范围，则应用全部样本建立的回归方程中，该空气质量范围的方程进行计算，从而保证回归方程符合相关原理要求。

　　根据预测系统内自带的判别聚类语句，可将预测日自动分类至其所属的类别，并通过逻辑回归进行定性判别，判别其所属的污染物级别（分三个等级，第一个等级为 $0 < API < 150$，第二个等级为 $150 \leqslant API < 250$，第三个等级为 $API \geqslant 250$）。通过其所属的类别及污染级别对应的系数进行空气质量数据预测。

7.6　量化分级与可视化技术

7.6.1　基于预测结果的量化分级技术

　　为了使本系统预测得出的空气污染状况更为直观地体现，使得公众对污染情况有更为直接的了解，且更加明了地指出 API 值对公众健康的影响，基于 API 与公众健康影响的相关情况，对预测结果进行量化分级。

2008 年中国对现行空气污染指数提出了修改意见，并发布了《城市空气质量日报和预报技术规定》（征求意见稿），其中对于空气污染指数范围及相应的空气质量类别如表 7-3 所示。

表 7-3 空气污染指数范围及相应的空气质量类别

API	空气质量级别	空气质量状况	表征颜色	对健康的影响	建议采取的措施
0～50	I	优	绿	可正常活动	—
51～100	II	良	蓝		
101～200	III	轻度污染	黄	易感人群症状有轻度加剧，健康人群出现刺激症状	心脏病和呼吸系统疾病患者应减少体力消耗和户外活动
201～300	IV	中度污染	红	心脏病和肺病患者症状显著加剧，运动耐受力降低，人群中普遍出现症状	老年人和心脏病、肺病患者应停留在室内，并减少户外活动
>300	V	重污染	黑	健康人运动耐受力降低，有明显强烈症状，提前出现某些疾病	老年人和病人应当留在室内，避免体力消耗，一般人应避免户外活动

现行城市空气质量日报和预报技术规定仅将 API>300 的情况划定为重污染，API>300 时，健康人运动耐受力降低，将出现强烈的症状，且会提前出现某些疾病。API>200 时，空气质量已将对人类健康产生不良影响，使得心脏病和肺病患者症状加剧，运动耐受能力降低，健康人群中普遍出现症状。API>150 时，易感人群症状有轻度加剧，健康人群出现刺激症状。

不论是发达国家还是发展中国家，以 PM_{10} 为代表的空气颗粒物对其公众健康影响的证据都是一致的，即目前城市人群所暴露的颗粒物浓度水平会对健康产生有害效应。颗粒物对健康的影响是多方面的，但主要影响呼吸系统和心血管系统。本书的研究对象为以 PM_{10} 为首要污染物的重污染天气，而目前，许多流行病学采用 PM_{10} 作为人体暴露的指示性颗粒物。API 范围与 PM_{10} 浓度范围的关系见表 7-4 所示。

表 7-4 空气污染指数对应的 PM_{10} 浓度限值   单位：mg/m^3

API	50	100	200	300	400	500
PM_{10} 浓度	0.050	0.150	0.350	0.420	0.500	0.600

对于所有国家，根据美国国家环境保护局对于颗粒物与死亡率的相关性的研究，PM_{10} 日均浓度每增加 50 $\mu g/m^3$，死亡率增加 2.5%～5%。[①] 对于亚洲地区，国际监督委员会的

---

① 王玮，陈宗良. 大气气溶胶中无机碳和有机碳[J]. 环境科学丛刊，1991，12（2）：27-33.

相关研究[①]表明，PM_{10}日均浓度每增加 10 μg/m³，死亡率增加 0.4%。对于中国，PM_{10}浓度每增加 10 μg/m³，自然死亡率增加 0.3%，心血管疾病致死率增加 0.4%，呼吸病致死率增加 0.6%。[②]　对于北京市，根据针对北京市区居民心血管系统疾病就诊人次与PM_{10}污染浓度的相关性研究，得知大气 PM_{10}日均浓度每上升 10 μg/m³，当天的心血管系统疾病日就诊人次增加 0.380%，滞后效应分析表明，4 日后的人群心血管系统疾病就诊人次增加最多，为 1.166%。[③]　这些研究表明，健康风险与PM_{10}的短期暴露（24 h）有关，据世界卫生组织关于颗粒物空气质量准则的风险评估概要，当PM_{10}浓度达到 150 μg/m³，对应 API 达到 100，预期死亡率会增加 5%[④]，对应 API 达到 150，预期死亡率约会增加 9%，这是值得特别关注的，并建议立即采取控制措施。

目前世界卫生组织针对 PM_{10}等空气污染物提出了数字化的过渡时期目标，这些目标值可以作为逐步减少空气污染的渐进性步骤，以反映在某一浓度水平人群死亡率的增加与颗粒物空气污染之间的关系。该过渡期的目标设定为 150 μg/m³，即对应 API 达到 100。

我国作为发展中国家，对于大气环境治理起步较晚。此外，由于长期以来的经济发展方式和社会发展模式，我国的空气质量现状较美国等发达国家更为不乐观。本书搜集了环保部门发布的北京市空气质量日报，包括自发布日报的 2000 年 6 月至 2012 年 5 月的 4 000多个数据，统计了不同 API 范围内的总天数及其百分比，如表 7-5 所示。

表 7-5　北京市不同 API 范围的总天数及其百分比

API 范围	300 及以上	250 及以上	200 及以上	150 及以上	100 及以上
总量/d	63	99	146	440	1543
百分比/%	1.44	2.26	3.34	10.05	35.25

由表可知，自 2000 年 6 月起，API≥100 以上的天数共有 1 543 d，占全部天数的 35.25%，若以世界卫生组织设定的 PM_{10}过渡期目标 150 μg/m³（对应 API=100）为重污染量化预测结果的预警底线，则重污染警报过于频繁，警报概率约为 30%。由表可知，自 2000 年 6月起，我国 API≥150 以上的天数共有 440 d，占全部天数的 10.05%。建议针对我国现阶段实际污染，将预警 API 底线设置为 150，对应我国目前空气质量类别的Ⅲ级Ⅰ，且该值等同于美国的 AQI 标准中，当 AQI 范围为 150~200 时视为"不健康"的定义（美国 AQI标准中 PM_{10}的浓度及其对应的 AQI 值与中国标准相同）。

针对 API≥150 以上级别，根据空气质量状况建立重污染情况等级。在定量化预测系统计算得出 API 值的同时，若判定符合重污染警告条件，则将同时输出重污染等级（重污染Ⅰ~Ⅴ级，黄色至褐色预警），否则输出该时段非重污染天气的提示，从而直观地使系统应用者以及相关部门决策者知晓污染状况，并执行相应预案。

① Sharma V K，Patil R S. Size distribution of atmospheric aerosols and their source identification using factor analysis in Bombay，India[J]. Atmospheric environment，1992，26B（1）：13-140.
② 吴雷，王慧. 城市颗粒物污染来源与特性分析[J]. 干旱环境监测，2003，17（3）：157-159.
③ Menon S，Hansen J，Nazarenko L，et al.. Climate effects of black carbon aerosols in China and India[J]. Science，2002（297）：2250-2253.
④ 黄荣辉. 高等地球化学[M]. 北京：科学出版社，2000.

基于前文所述的集成方法,将预测或验证数据的预测因子输入系统,经过天气类型判别子模块,定性化判别子模块后,根据预测方程,计算得出样本的 API 值,并输出 API 范围(API 预测值的±10)。在得出预测范围后,系统根据内部自带的级别输出语句,输出 API 范围内高值所对应的污染级别。即本系统在输出 API 值定量化预测结果的同时,亦输出该 API 范围所述的重污染级别。以 API 预测值为 195 为例,输出范围为 185~205,205 属于重污染 II 级所包含的范围,故除输出该范围外,同时输出该日属于重污染 II 级,橙色预警。空气污染指数及其对应的重污染级别如表 7-6 所示。

表 7-6 API 范围及其对应的重污染级别

API 范围	API ∈ [150, 200)	API ∈ [200, 250)	API ∈ [250, 300)	API ∈ [300, 350)	API ∈ [350, +∞)
重污染级别	重污染 I 级	重污染 II 级	重污染III级	重污染IV级	重污染 V 级
预警颜色	黄色	橙色	红色	紫色	褐色

针对不同重污染级别制定了预警颜色,以便在给出 API 值、重污染级别的同时,帮助相关环境管理部门直观地向公众展示污染程度。黄色、橙色、红色、紫色及褐色五个预警颜色对应的颜色对照表见表 7-7 所示。

表 7-7 预警颜色对应的 RGB 及 CMYK 颜色对照表

	R	G	B	C	M	Y	K
黄色	255	255	0	40	0	100	0
橙色	255	126	0	0	0	100	0
红色	255	0	0	0	100	100	0
紫色	153	0	76	10	100	40	30
褐色	126	0	35	30	100	100	30

7.6.2 可视化技术

为使各种污染相关的信息更加直观化、形象化,给环境管理部门提供更便捷的管理决策工具,本书基于 Google Earth,利用 KML 语言开发建立了大气重污染预测与量化分级系统可视化平台。该平台可与本书建立的基础资料数据库连接,用于展示气象、排放源及重污染预测结果等与污染相关的重要信息。

图 7-6 为全国 92 座重点城市的污染预测结果,图 7-7 为华北地区局部放大图。如对单个城市进行预报,可视化平台可显示该城市各个预测点位的预测结果,以北京市为例,图 7-8 为单个城市预报结果展示情况。其中,标签所在位置为预报点位,标签颜色为量化分级技术方法所确定的污染程度。此外,可视化系统可连接污染源排放数据库,对源强信息进行展示,图 7-9 为同时显示污染预测结果与排放源的叠加图,其中大号标签为污染预测结果,小号标签为源排放情况,标签颜色代表不同源排放类型,标签高度为排放源高度。另外,该可视化平台还可叠加云层等气象信息,并显示风景区、名胜古迹、疗养院等敏感地点,从而为环境管理提供直观便捷的管理工具。

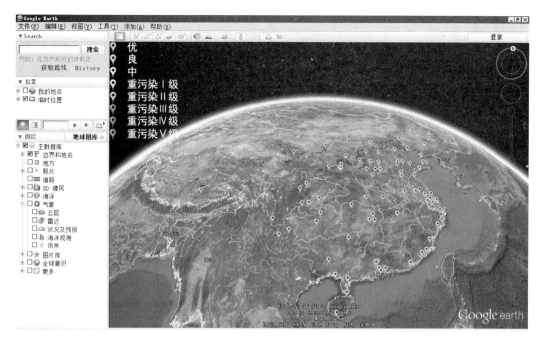

图 7-6　全国 92 座重点城市污染预测结果示意图

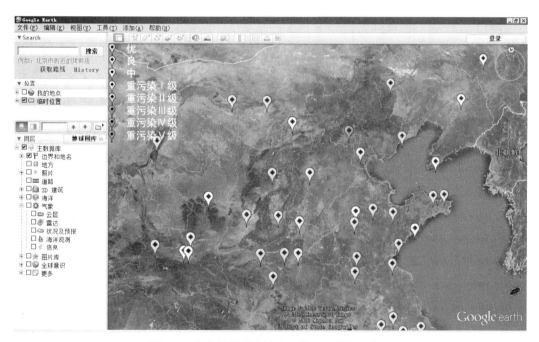

图 7-7　华北地区重点城市污染预测结果示意图

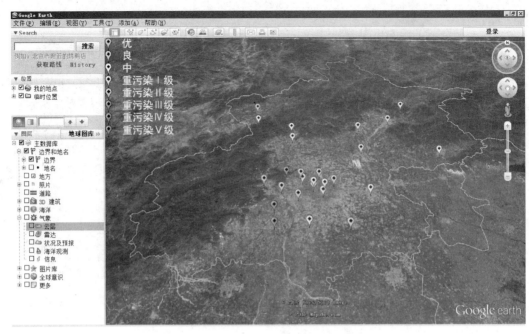

图 7-8　北京市各点位污染预测结果示意图

图 7-9　北京市各点位污染预测结果与污染物排放源示意图

7.7　预测系统效果评估及示范应用

华北地区代表城市北京的大气污染反映了该地区的区域性环境问题，可以作为华北地区大气污染特征的典型代表城市。因此本节以北京市为代表，应用前文介绍的研究结果进行示范性应用研究，从多方面评估重污染预测效果。

（1）代表城市预测系统构建

本书应用北京 12 个国控站点多年的空气质量小时值及气象数据（共 14 016 组）进行重污染预测模型的建立及验证。由前文所述，主要研究区域性重污染天气，因此建立及验证方法时对沙尘类型重污染天气进行了剔除。根据北京市环保局网站公布的空气质量月报以及中国沙尘暴网发布的沙尘天气年鉴，收集了 2005—2010 年每月中所包含的沙尘型天气，并根据相关文献及沙尘天气年鉴统计了 2000—2004 年的沙尘暴日，并从总数据集中剔除了沙尘型天气对应的样本。应用北京 12 个站点多年的逐小时空气质量数据及气象数据约 12 258 组，筛选其中有效数据共 10 895 组，随机选取其中的 2 808 组，作为验证数据，其余 8 087 组作为模型建立数据。

在污染程度初判模块中将 API 划分为 5 个级别：$API \in (0, +\infty)$、$API \in (0,150)$、$API \in [150, +\infty)$、$API \in [200, +\infty)$ 和 $API \in [250, +\infty)$。在天气类型划分模块设定中，将类别数设置为 12。

（2）重污染过程预报效果评估

为充分检验大气重污染预测系统的预测效果，可利用两套数据对其进行评估。其一，从历史数据中选取高浓度污染过程对该方法进行预测效果检验；其二，利用该方法进行实时空气质量预测，对预测结果与监测数据进行对比检验。[①]

利用上述两套数据进行的"模拟性预测"和"实时预测"结果表明，本方法对空气污染指数为 200 以上天气的报出率与北京市发布的预测值相比有较大改善，报出率有所提升。通过对不同 API 范围内的报出率进行分析发现，本预测系统的预测结果偶有预测值较实际值高的情况发生，但总体能够较好地反映空气质量的增减趋势。

---

① 注：预报日是高浓度污染，预报结果等级为高浓度污染，视为报出，预报日非高浓度污染，预报结果等级为高浓度污染，视为误报。

第 8 章　结论与环境管理建议

为解决目前大气重污染形成机理不清楚、现行预测方法的重污染预报准确率较低、缺少针对重度污染的科学有效、可操作性强的防控管理决策支持等问题，本书在现有基础上，整理建立了北京及周边地区大量区域气象资料、天气背景资料、区域污染源排放数据以及环境三维监测数据的重要基础资料平台；建立了污染物输送通量识别模式，识别确定了北京及周边地区常驻性污染物输送通道；完成了北京及周边地区敏感源筛选识别工作，得到了重污染时段优先控制的地区及行业列单；利用大气颗粒物样品采集测试分析结果，研究得到重污染和非重污染时段的颗粒物化学成分特征，以及颗粒物的行业来源和本地、外来源贡献值定量化分析结果；基于大气重污染过程与气象要素关系研究结果建立了重污染预测系统。

8.1　重污染过程的大气颗粒物理化特征

2010—2012 年，在北京、石家庄、唐山三地设置大气采样点，对 PM_{10}、$PM_{2.5}$ 进行采集，得到上千个颗粒物采集样品，捕捉到多个中度污染及重污染过程。同时对监测样品进行元素成分分析、离子成分分析和有机碳元素碳成分分析。基于测试结果分析得到重污染与非重污染时段的颗粒物化学成分特征。分析结果表明：静稳型污染过程和沙尘型污染过程一次组分和二次组分比例有显著变化，静稳型污染过程二次组分比例高，为 54.98%～56.95%，二次有机物、硫酸盐、硝酸盐和铵盐均有不同比例的增加。沙尘型污染过程一次组分比例高，为 42.72%～59.67%；静稳型重污染时段二次组分中 SO_4^{2-}、NO_3^-、NH_4^+ 所占比例均比冬季有所提高，为 2%～5%，二次组分的含量也由 50.48% 提高至 56.95%，可见静稳型重污染时段更易发生二次转化、导致二次组分的累积，与此相对的一次组分的含量则相应降低，尤其是土壤尘的含量由 12% 降低至 9%。

沙尘型重污染时段一次组分的含量高于春季，分别为 42.72% 和 39.35%。其中土壤尘所占比例变化不明显，而 SO_4^{2-}、NO_3^-、NH_4^+ 等二次粒子很明显在沙尘型污染时段转化和累积相应减少。

8.2　重污染过程的颗粒物行业来源与环境管理建议

本书基于大气颗粒物测试分析结果，利用主成分因子分析方法对重污染和非重污染时段北京及周边地区的大气颗粒物主要行业来源贡献定量分析结果。北京市监测点位的四季代表月 $PM_{2.5}$ 来源分析结果显示：春季对 $PM_{2.5}$ 的源贡献由大到小依次为土壤尘、机动车、燃煤及工业、人及牲畜、垃圾及生物质燃烧、化肥使用；夏季对 $PM_{2.5}$ 的源贡献由大到小依次为机动车、燃煤及工业、土壤尘、人及牲畜、化肥使用、垃圾及生物质燃烧；秋季对 $PM_{2.5}$ 的源贡献由大到小依次为机动车、燃煤及工业、土壤尘、人及牲畜、垃圾及生物质燃烧、化肥使用；冬季对 $PM_{2.5}$ 的源贡献由大到小依次为燃煤及工业、机动车、土壤尘、人及牲畜、垃圾及生物质燃烧、化肥使用。由于石家庄和唐山与北京同属华北地区城市，外来源输送随季节的变化规律可认为一致，综合石家庄和唐山监测点位的 $PM_{2.5}$ 组分分析及来源分析结果，石家庄和唐山监测点位的 $PM_{2.5}$ 来源排序总体一致，其中石家庄和唐山监测点位的土壤尘、燃煤及工业过程贡献应稍高于北京。

对华北地区典型城市进行其大气颗粒物 $PM_{2.5}$ 和 PM_{10} 的来源对比分析，$PM_{2.5}$ 与 PM_{10} 的来源排序均为土壤尘、燃煤及工业尘、机动车尘和垃圾燃烧尘，但是各排放源的贡献率大小有一定差异，$PM_{2.5}$ 中土壤尘的贡献率低于 PM_{10} 中土壤尘的贡献率，相差 6.738%。$PM_{2.5}$ 中燃煤及工业尘、机动车尘和垃圾燃烧尘的贡献率均高于相应源对 PM_{10} 的贡献率，分别相差 2.32%、1.996% 和 1.397%。

综合北京及近周边地区大气颗粒物来源分析结果，建议环境管理部门在制定大气质量控制方案时重点控制贡献率较大的行业来源，从而优化城市规划与管理方案，减少重污染的发生，有效改善空气质量，提高人民健康生活水平。

8.3 华北区域敏感地区与环境管理建议

本书基于气象流场诊断分析与环境数值模拟相结合的方法建立了区域敏感性筛选识别技术方法。并利用该方法分别对重污染和非重污染时段影响北京及近周边地区的敏感地区进行了识别筛选。识别结果如下，位于距离中心城区不同半径距离的第一到第六级别上，敏感性最高的地区分别为：原宣武区（第一级）、原崇文区（第一级）、大兴区北部（第二级）、海淀区（第二级）、顺义区（第三级）、大兴区南部（第三级）、怀柔区（第四级）、延庆县（第四级）、保定市（第五级）、石家庄市（第六级）。计算结果表明，在重污染时段，排放相同污染物的情况下，上述地区对北京市的 PM_{10} 浓度贡献较大。

因此，为减少重污染的发生、有效缓解重污染发生时对生态环境与人群的危害，建议环境管理部门在制定大气质量控制方案时，应重点控制并优先消减敏感性较大地区的排放源，新建、扩建项目布局应尽量考虑敏感性较小的地区。综合分析研究计算结果，从一次污染物排放控制及大气环境管理的角度出发，认为较适宜发展污染较重行业的地区为北京市的昌平区、密云县、门头沟区和河北省的唐山市、承德市等地。

8.4 大气污染物输送路径及其对重污染的影响

本书基于利用追踪气团轨迹、聚类分析方法建立了识别影响目标城市的区域 PM_{10} 输送路径的技术方法，并以 PM_{10} 浓度和通量梯度为判据，实现了基于模式结果的目标区域的典型输送通道空间分布的自动诊断。该方法可有效地识别区域污染物的传输规律和特征，为深入了解区域污染成因提供科学依据。本书利用该技术方法对以北京为目标中心的华北地区进行主要污染物输送路径的识别。结果表明，影响北京的污染物输送路径主要有源自山西东部和河北南部、经由河北省到达北京的西南输送路径，源自蒙古及内蒙古地区到达北京的西北输送路径和源自北部山区的偏北和东北输送路径,其中西南输送路径的出现频率最高。

基于目标城市常规污染物监测和气象监测数据,计算了每类轨迹对应的目标城市污染物平均浓度以及风速、温度、湿度等气象特征,分析污染及气象因素对目标城市颗粒物污染的影响,确定导致目标城市空气污染的主要输送路径。研究结果表明,区域污染输送对北京市有明显贡献,北京上空气流轨迹聚类结果表明西南输送对应着 PM_{10} 污染最严重的时段,华北地区西南输送路径与北京市 PM_{10} 的上升过程密切相关。且西南输送时段的平均风速最低,污染物不易扩散。数值模拟结果显示:伴随着高压天气型和逆温的太行山前输送汇,是造成污染的主要原因。由地形动力和热力作用形成的减压是输送汇聚形成的主要原因。

8.5 天气型及其演变规律对区域重污染的影响

本书在对大量空气质量与天气型资料进行识别诊断和时空配置的基础上,利用统计分析方法识别出易造成大气重污染的主要地面天气型为:高压均压场、鞍形场和低压均压场等。

同时,分析了多年空气质量时间序列与气压系统演变趋势的关系,发现天气型能够客观并相对准确地反映出大气环境过程的演变及区域特征。研究结果表明:高压均压、相继出现的低压系统以及锋区,与空气污染指数的上升阶段、峰值阶段和下降阶段逐一对应。环境过程和气压系统之间的关系为:①API 在上升阶段主要受到高压均压和相继出现的低压系统的影响;②API 处于峰值阶段时,主要受锋区前部的低压后部形势场控制;③API值的下降阶段,主要受到高梯度气压系统的影响控制。

8.6 区域大气重污染预测系统及其预报效果

本书针对重污染级别选取了几十个要素的上万组有效数据,分别针对不同污染程度、不同季节、不同天气类型,研究得出了空气质量与气象要素之间的关系。同时利用聚类分析、逻辑判别、逐步回归等模拟仿真和统计分析方法,建立了一套大气重污染预测系统,实现了重污染的自动诊断与空气质量的自动化定量预测。利用该系统在华北地区的代表城市进行了预测效果验证。其中,在北京市应用该系统进行预测后,对重污染天气的预报准确率可以达到 60%,比现行系统有明显提升。

本书建立的预测系统较好地提升了大气重污染时段的预测效果。该系统可以完善空气质量预测体系,使应急管理部门能提前预知重污染的发生和发展趋势,从而及时采取有效措施,减少重污染对生态环境和人体健康的严重影响,为公众提供健康指引,引导当地居民合理安排出行和生活。系统潜在用户为各省市环境监测站、环保局等环保部门,并在全国各级环保系统均具有较好的应用推广前景。特提出相关对策建议如下:

第一,建议增加空气质量监测点位。鉴于空气质量数据对于建立大气环境高浓度污染预测方法的重要性,建议增加空气质量监测点位的布设,特别是在大气颗粒物污染严重的地区,以获取更详细的污染数据,增加统计预测方法的样本量,提升高浓度污染预测效果。

　　第二，建议加强与气象相关部门的合作。鉴于气象相关部门在气象预测方面的业务基础与技术优势，建议加强与气象部门的紧密合作，特别是气象数据与气象预测技术方面的共享力度，从而为空气质量预测提供数据支持与技术保障。同时，加强空气质量预测部门专业预测队伍的建设，培养专业预测人才，提升预测能力。

　　第三，建议增加预测技术方法的应用试点。建议增加大气环境高浓度污染预测技术方法的应用试点，一方面为当地预测业务提供重污染天气预测参考，另一方面可促进该技术方法在实际应用中的调整与完善，提升预测效果，尽早实现大气环境高浓度污染预测预警技术的业务化运行。